5年

実力アップ 計算 練習ノート

計算力がぐんぐんのびる！

このふろくは
すべての教科書に対応した
全教科書版です。

JN131552

年	組	名前

「計算練習ノート」はとりはずして使用できます。

1 直方体や立方体の体積(1)

◆ 次のような形の体積は何cm³ですか。　　　　　　　　　　　　　　1つ6〔36点〕

❶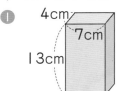
4cm 7cm 13cm

❷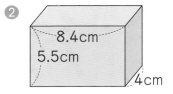
8.4cm 5.5cm 4cm

❸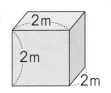
2m 2m 2m

（　　　　　　　）　　　　　　（　　　　　　　）　　　　　　（　　　　　　　）

❹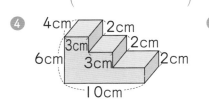
4cm 2cm 3cm 2cm 6cm 3cm 2cm 10cm

❺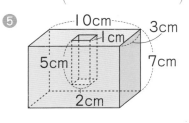
10cm 3cm 1cm 5cm 7cm 2cm

❻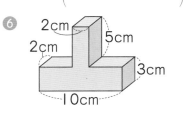
2cm 5cm 2cm 3cm 10cm

（　　　　　　　）　　　　　　（　　　　　　　）　　　　　　（　　　　　　　）

♥ 次の図は直方体や立方体の展開図です。この直方体や立方体の体積を、それぞれの単位で求めましょう。　　　　　　　　　　　　　　1つ6〔36点〕

❼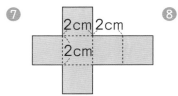
2cm 2cm 2cm

❽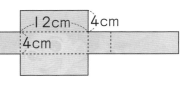
12cm 4cm 4cm

❾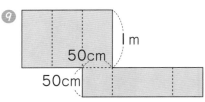
1m 50cm 50cm

cm³（　　　　　）　　　cm³（　　　　　）　　　cm³（　　　　　）

mL（　　　　　）　　　mL（　　　　　）　　　L（　　　　　）

♠ たてが28cm、横が23cm、体積が3220cm³の直方体の高さを求めましょう。

〔7点〕

（　　　　　　　　　）

♣ ある学校のプールは、たて25m、横10m、深さ1.2mです。このプールの容積は何m³ですか。また、何Lですか。　　　　　　　　　　1つ7〔21点〕

式

答え（　　　　　、　　　　　）

2

2 直方体や立方体の体積(2)

時間20分

得点　/100点

◆ 次のような形の体積を求めましょう。　　　　　　　　　1つ10〔60点〕

❶ たて4cm、横5cm、高さ6cmの直方体

（　　　　　　　）

❷ 1辺の長さが8cmの立方体

（　　　　　　　）

❸　4cm　8cm　5cm　3cm　2cm

（　　　　　　　）

❹　4cm　7cm　3cm　8cm　5cm

（　　　　　　　）

❺　2cm　3cm　7cm　5cm　10cm　6cm

（　　　　　　　）

❻　15cm　11cm　10cm　4cm　5cm

（　　　　　　　）

♥ 右の図は直方体の展開図です。この直方体の体
積は何cm³ですか。　　　　　　　　　　　　　〔10点〕

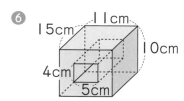

12cm　20cm　16cm

（　　　　　　　）

♠ 右の図のような直方体の水そうがあります。この
水そうに深さ15cmまで水を入れると、水の体積
は何cm³ですか。また、何Lですか。　1つ10〔30点〕

式

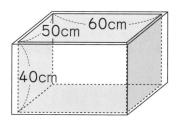

50cm　60cm　40cm

答え（　　　　　、　　　　　）

3 小数のかけ算 (1)

◆ 計算をしましょう。　　　　　　　　　　　　　　1つ5〔45点〕

❶ 3×5.8

❷ 9×1.61

❸ 3.5×7.6

❹ 2.7×0.74

❺ 0.66×5.2

❻ 8.07×20.1

❼ 2.9×0.71

❽ 70.1×0.13

❾ 0.51×2.18

♥ 計算をしましょう。　　　　　　　　　　　　　　1つ5〔45点〕

❿ 5×2.2

⓫ 40×5.05

⓬ 7.5×0.4

⓭ 12.5×0.8

⓮ 3.3×0.3

⓯ 1.09×0.2

⓰ 0.14×0.7

⓱ 1.8×0.5

⓲ 0.16×0.5

♠ 1mの重さが27.6gのはり金があります。このはり金7.3mの重さは何gですか。

式　　　　　　　　　　　　　　　　　　　　　　　1つ5〔10点〕

答え（　　　　　　　　　）

4 小数のかけ算 (2)

時間 **20** 分

得点

/100点

◆ 計算をしましょう。

1つ5〔45点〕

① 20×4.3

② 12×0.97

③ 10.7×1.7

④ 4.2×85.7

⑤ 1.92×40.4

⑥ 1.01×9.9

⑦ 0.8×7.03

⑧ 0.66×0.66

⑨ 9.92×0.98

♥ 計算をしましょう。

1つ5〔45点〕

⑩ 62×0.35

⑪ 0.75×1.6

⑫ 3.52×2.5

⑬ 1.3×0.6

⑭ 5.3×0.12

⑮ 0.28×0.3

⑯ 0.9×0.45

⑰ 0.8×0.25

⑱ 0.02×0.5

♠ たて0.45m、横0.8mの長方形の面積を求めましょう。

1つ5〔10点〕

式

答え (　　　　　　　　　)

5

5 小数のかけ算 (3)

時間 20分

得点 /100点

◆ 計算をしましょう。 　　　　　　　　　　　　　　1つ5〔45点〕

① 2.9×3.1

② 3.7×6.4

③ 4.4×0.86

④ 2.83×4.6

⑤ 4.51×8.5

⑥ 16.7×3.09

⑦ 2.06×4.03

⑧ 36×7.6

⑨ 617×3.4

♥ 計算をしましょう。 　　　　　　　　　　　　　　1つ5〔45点〕

⑩ 3.5×8.6

⑪ 4.25×5.4

⑫ 645×1.4

⑬ 50×4.06

⑭ 0.85×4.8

⑮ 0.26×1.6

⑯ 0.34×2.7

⑰ 0.3×2.6

⑱ 0.25×2.4

♠ まさとさんの身長は140cmで、お父さんの身長はその1.25倍です。お父さん
の身長は何cmですか。 　　　　　　　　　　　　1つ5〔10点〕

式

答え (　　　　　　　　)

6

6 小数のわり算 (1)

◆ わりきれるまで計算しましょう。　　　　　　　　　　　　　1つ5〔45点〕

① 2.88÷1.8　　　② 7.54÷2.6　　　③ 9.52÷2.8

④ 22.4÷6.4　　　⑤ 36.9÷4.5　　　⑥ 50.7÷7.8

⑦ 7.7÷5.5　　　⑧ 8.01÷4.45　　　⑨ 6.6÷2.64

♥ 計算をしましょう。　　　　　　　　　　　　　　　　　　1つ5〔45点〕

⑩ 40.2÷6.7　　　⑪ 42.4÷5.3　　　⑫ 65.8÷9.4

⑬ 53.2÷1.4　　　⑭ 75.4÷2.6　　　⑮ 94.5÷3.5

⑯ 81.6÷1.36　　　⑰ 68.7÷2.29　　　⑱ 81.5÷1.63

♠ 面積が36.75㎡、たての長さが7.5mの長方形の花だんの横の長さは何mですか。　　　　　　　　　　　　　　　　　　　　　　1つ5〔10点〕

式

答え (　　　　　　　　　)

7 小数のわり算 (2)

時間 **20** 分

得点

/100点

◆ わりきれるまで計算しましょう。　　　　　　　　　　　　　　　1つ5〔45点〕

① 6.08÷7.6　　　② 5.34÷8.9　　　③ 1.9÷2.5

④ 3.6÷4.8　　　⑤ 1.74÷2.4　　　⑥ 2.31÷8.4

⑦ 17÷6.8　　　⑧ 48÷7.5　　　⑨ 57÷7.6

♥ わりきれるまで計算しましょう。　　　　　　　　　　　　　　　1つ5〔45点〕

⑩ 5.1÷0.6　　　⑪ 3.6÷0.8　　　⑫ 14.5÷0.4

⑬ 9.2÷0.8　　　⑭ 2.85÷0.6　　　⑮ 2.66÷0.4

⑯ 0.98÷0.8　　　⑰ 8÷0.5　　　⑱ 6÷0.25

♠ 6.4mのパイプの重さは4.8kgでした。このパイプ1mの重さは何kgですか。

式　　　　　　　　　　　　　　　　　　　　　　　　　　1つ5〔10点〕

答え (　　　　　　　　　)

8 小数のわり算 (3)

時間 20分

得点

/100点

◆ 商は一の位まで求めて、あまりも出しましょう。　　　　　　　　　1つ5〔45点〕

❶ 16÷4.3　　　　　❷ 21÷3.6　　　　　❸ 45÷2.4

❹ 480÷8.5　　　　　❺ 355÷7.9　　　　　❻ 5.7÷2.6

❼ 16.7÷8.5　　　　　❽ 24.9÷6.8　　　　　❾ 5.23÷3.6

♥ 商は四捨五入して、上から2けたのがい数で求めましょう。　　　　1つ5〔45点〕

⑩ 8.7÷2.6　　　　　⑪ 9.3÷1.7　　　　　⑫ 7.13÷3.8

⑬ 6.46÷4.7　　　　　⑭ 23.4÷5.3　　　　　⑮ 7÷2.9

⑯ 9.06÷0.44　　　　　⑰ 2.23÷0.81　　　　　⑱ 7÷0.33

♠ たての長さが3.6m、面積が11.5m²の長方形の土地があります。この土地の横の長さは何mですか。四捨五入して、上から2けたのがい数で求めましょう。

式　　　　　　　　　　　　　　　　　　　　　　　　　　　1つ5〔10点〕

答え (　　　　　　　　)

9 小数のわり算 (4)

時間 20分

◆ わりきれるまで計算しましょう。 1つ5〔45点〕

① 73.6÷9.2

② 1.52÷3.8

③ 1.35÷0.15

④ 707÷1.4

⑤ 1.11÷14.8

⑥ 14.4÷0.32

⑦ 3.06÷6.12

⑧ 29.83÷3.14

⑨ 0.4÷1.28

♥ 商は一の位まで求めて、あまりも出しましょう。 1つ5〔30点〕

⑩ 40÷9.56

⑪ 9.31÷1.1

⑫ 97.8÷3.32

⑬ 10÷9.29

⑭ 2.3÷0.88

⑮ 122.2÷0.61

♠ 商は四捨五入して、上から2けたのがい数で求めましょう。 1つ5〔15点〕

⑯ 50.5÷9.09

⑰ 31.18÷0.7

⑱ 88.7÷1.11

♣ 長さが4.21mのロープを33.3cmずつ切り取ります。33.3cmのロープは全部
で何本できて、何cmあまりますか。 1つ5〔10点〕

式

答え（ 　　　　　　　　　 ）

10 整数の性質

時間 **20**分

得点

/100点

◆ 2、7、12、21、33、40、56、61のうち、次の数を全部書きましょう。

① 偶数（ぐうすう）　　　　② 奇数（きすう）　　　　③ 7の倍数　　　1つ6〔18点〕

（　　　　　　　）（　　　　　　　）（　　　　　　　）

♥ 次の数の倍数を、小さい順に3つ求めましょう。　　　　　　1つ6〔12点〕

④ 12　　　　　　　　　　　　⑤ 15

（　　　　　　　）　　　　（　　　　　　　）

♠ （　）の中の数の公倍数を、小さい順に3つ求めましょう。　1つ6〔12点〕

⑥ （32、48）　　　　　　　　⑦ （26、52）

（　　　　　　　）　　　　（　　　　　　　）

♣ 次の数の約数を、全部求めましょう。　　　　　　　　　　1つ6〔12点〕

⑧ 24　　　　　　　　　　　　⑨ 49

（　　　　　　　）　　　　（　　　　　　　）

◆ （　）の中の数の公約数を、全部求めましょう。　　　　　1つ6〔12点〕

⑩ （48、72）　　　　　　　　⑪ （65、91）

（　　　　　　　）　　　　（　　　　　　　）

♥ （　）の中の数の最小公倍数と最大公約数を求めましょう。　1つ7〔28点〕

⑫ （36、96）　　　　　　　　⑬ （34、51、85）

最小公倍数（　　　　　）　　　　　　最小公倍数（　　　　　）

最大公約数（　　　　　）　　　　　　最大公約数（　　　　　）

♠ たて10cm、横16cmの長方形のタイルをすきまなくならべて、できるだけ小さい正方形をつくります。できる正方形の1辺の長さは何cmですか。　〔6点〕

（　　　　　　　）

11 図形の角

◆ あ〜うの角度は何度ですか。計算で求めましょう。　　1つ6〔18点〕

①

②

③

（　　　　　　　）　　　（　　　　　　　）　　　（　　　　　　　）

♥ あ〜かの角度は何度ですか。計算で求めましょう。　　1つ6〔36点〕

④
平行四辺形

⑤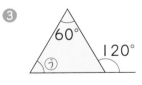

⑥

（　　　　　　　）　　　（　　　　　　　）　　　（　　　　　　　）

⑦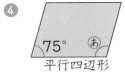

⑧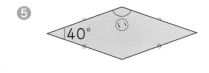

⑨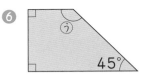

（　　　　　　　）　　　（　　　　　　　）　　　（　　　　　　　）

♠ あ〜うの角度は何度ですか。計算で求めましょう。　　1つ6〔18点〕

⑩

⑪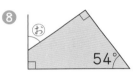

⑫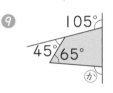

（　　　　　　　）　　　（　　　　　　　）　　　（　　　　　　　）

♣ あ〜えの角度は何度ですか。計算で求めましょう。　　1つ7〔28点〕

⑬
正三角形

⑭

あ（　　　　　　　）　　　　う（　　　　　　　）

い（　　　　　　　）　　　　え（　　　　　　　）

12 分数のたし算とひき算 (1)

時間 **20**分

得点

/100点

◆ 計算をしましょう。

1つ5〔45点〕

① $\dfrac{1}{4}+\dfrac{2}{3}$

② $\dfrac{1}{3}+\dfrac{1}{5}$

③ $\dfrac{1}{2}+\dfrac{2}{7}$

④ $\dfrac{3}{8}+\dfrac{1}{4}$

⑤ $\dfrac{4}{5}+\dfrac{2}{3}$

⑥ $\dfrac{2}{7}+\dfrac{3}{4}$

⑦ $\dfrac{3}{5}+\dfrac{7}{3}$

⑧ $\dfrac{5}{6}+\dfrac{2}{9}$

⑨ $\dfrac{7}{8}+\dfrac{5}{6}$

♥ 計算をしましょう。

1つ5〔45点〕

⑩ $\dfrac{5}{7}-\dfrac{1}{2}$

⑪ $\dfrac{4}{5}-\dfrac{3}{4}$

⑫ $\dfrac{5}{6}-\dfrac{1}{7}$

⑬ $\dfrac{7}{8}-\dfrac{2}{5}$

⑭ $\dfrac{9}{10}-\dfrac{3}{4}$

⑮ $\dfrac{9}{7}-\dfrac{2}{3}$

⑯ $\dfrac{9}{8}-\dfrac{3}{4}$

⑰ $\dfrac{7}{3}-\dfrac{3}{7}$

⑱ $\dfrac{11}{10}-\dfrac{3}{8}$

♠ 容器に $\dfrac{8}{5}$ L のジュースが入っています。$\dfrac{4}{3}$ L 飲んだとき、残りのジュースは何 L ですか。

1つ5〔10点〕

式

答え（　　　　　　　）

13 分数のたし算とひき算 (2)

◆ 計算をしましょう。　　　　　　　　　　　　　　　　　1つ5〔45点〕

① $\dfrac{2}{3}+\dfrac{1}{12}$

② $\dfrac{1}{5}+\dfrac{3}{10}$

③ $\dfrac{1}{6}+\dfrac{2}{15}$

④ $\dfrac{11}{20}+\dfrac{1}{4}$

⑤ $\dfrac{1}{15}+\dfrac{1}{12}$

⑥ $\dfrac{2}{3}+\dfrac{8}{15}$

⑦ $\dfrac{5}{6}+\dfrac{5}{14}$

⑧ $\dfrac{9}{10}+\dfrac{4}{15}$

⑨ $\dfrac{17}{12}+\dfrac{23}{20}$

♥ 計算をしましょう。　　　　　　　　　　　　　　　　　1つ5〔45点〕

⑩ $\dfrac{2}{3}-\dfrac{5}{12}$

⑪ $\dfrac{7}{10}-\dfrac{1}{6}$

⑫ $\dfrac{7}{10}-\dfrac{1}{5}$

⑬ $\dfrac{17}{15}-\dfrac{5}{6}$

⑭ $\dfrac{8}{3}-\dfrac{1}{6}$

⑮ $\dfrac{7}{15}-\dfrac{3}{10}$

⑯ $\dfrac{9}{14}-\dfrac{1}{6}$

⑰ $\dfrac{4}{3}-\dfrac{11}{15}$

⑱ $\dfrac{31}{6}-\dfrac{3}{10}$

♠ $\dfrac{2}{3}$kgのかごに、$\dfrac{5}{6}$kgの果物を入れました。重さは全部で何kgですか。1つ5〔10点〕

式

答え （　　　　　　　　　）

14 分数のたし算とひき算 (3)

時間 20分

得点

/100点

◆ 計算をしましょう。

1つ5〔45点〕

① $1\frac{2}{3}+\frac{1}{2}$

② $1\frac{1}{5}+\frac{2}{7}$

③ $\frac{3}{8}+2\frac{3}{4}$

④ $1\frac{5}{6}+\frac{3}{4}$

⑤ $3\frac{3}{8}+\frac{7}{10}$

⑥ $\frac{5}{6}+2\frac{2}{5}$

⑦ $2\frac{2}{5}+2\frac{1}{9}$

⑧ $1\frac{1}{6}+3\frac{1}{4}$

⑨ $1\frac{1}{6}+3\frac{3}{8}$

♥ 計算をしましょう。

1つ5〔45点〕

⑩ $1\frac{2}{5}+\frac{1}{10}$

⑪ $2\frac{2}{3}+\frac{1}{12}$

⑫ $\frac{6}{7}+2\frac{9}{14}$

⑬ $1\frac{2}{5}+2\frac{3}{4}$

⑭ $3\frac{5}{6}+1\frac{2}{9}$

⑮ $1\frac{3}{10}+2\frac{1}{6}$

⑯ $1\frac{1}{10}+1\frac{1}{15}$

⑰ $2\frac{5}{6}+3\frac{2}{3}$

⑱ $2\frac{17}{21}+5\frac{5}{14}$

♠ 1日目は$1\frac{1}{6}$L、2日目は$\frac{5}{14}$L のペンキを使って、2日間でかべをぬりました。ペンキは全部で何 L 使いましたか。

1つ5〔10点〕

式

答え（　　　　　　　　）

15 分数のたし算とひき算 (4)

◆ 計算をしましょう。

1つ5〔45点〕

① $2\frac{5}{6} - \frac{2}{3}$

② $1\frac{8}{9} - \frac{3}{4}$

③ $2\frac{11}{12} - 1\frac{3}{8}$

④ $5\frac{2}{3} - 3\frac{1}{2}$

⑤ $3\frac{3}{4} - 2\frac{3}{5}$

⑥ $2\frac{11}{14} - \frac{1}{2}$

⑦ $2\frac{7}{10} - 2\frac{1}{5}$

⑧ $1\frac{7}{8} - 1\frac{5}{6}$

⑨ $1\frac{7}{12} - 1\frac{2}{15}$

♥ 計算をしましょう。

1つ5〔45点〕

⑩ $1\frac{1}{2} - \frac{4}{5}$

⑪ $1\frac{3}{8} - \frac{2}{3}$

⑫ $1\frac{1}{12} - \frac{5}{9}$

⑬ $3\frac{1}{6} - \frac{3}{14}$

⑭ $2\frac{1}{24} - \frac{5}{8}$

⑮ $1\frac{1}{10} - \frac{4}{15}$

⑯ $4\frac{3}{10} - 3\frac{1}{2}$

⑰ $4\frac{1}{12} - 1\frac{4}{21}$

⑱ $3\frac{1}{15} - 2\frac{3}{20}$

♠ 米が $2\frac{5}{12}$ kg あります。$\frac{9}{20}$ kg 使うと、残りは何kgになりますか。

1つ5〔10点〕

式

答え (   )

●勉強した日　月　日

得点

/100点

時間 20分

16 分数のたし算とひき算 (5)

時間 **20**分

得点

/100点

◆ 計算をしましょう。

1つ7〔42点〕

① $\dfrac{1}{3}+\dfrac{1}{4}+\dfrac{1}{5}$

② $\dfrac{2}{5}+\dfrac{3}{10}+\dfrac{4}{15}$

③ $\dfrac{2}{5}+\dfrac{1}{3}+\dfrac{1}{2}$

④ $\dfrac{1}{6}+\dfrac{1}{2}+\dfrac{2}{9}$

⑤ $1\dfrac{1}{2}+1\dfrac{2}{3}+1\dfrac{1}{6}$

⑥ $\dfrac{5}{6}+1\dfrac{3}{8}+2\dfrac{5}{12}$

♥ 計算をしましょう。

1つ7〔42点〕

⑦ $\dfrac{1}{2}+\dfrac{1}{3}-\dfrac{1}{4}$

⑧ $\dfrac{4}{5}-\dfrac{3}{4}+\dfrac{1}{8}$

⑨ $\dfrac{2}{3}-\dfrac{2}{5}-\dfrac{1}{6}$

⑩ $\dfrac{1}{3}-\dfrac{2}{9}-\dfrac{1}{12}$

⑪ $1\dfrac{3}{10}-\dfrac{2}{5}-\dfrac{1}{2}$

⑫ $4\dfrac{1}{7}-\dfrac{4}{5}-2\dfrac{4}{35}$

♠ ドレッシングが $\dfrac{4}{5}$dL ありました。昨日と今日２日続けてドレッシングを $\dfrac{3}{20}$dL

ずつ使いました。残ったドレッシングは何dL ですか。

1つ8〔16点〕

式

答え（　　　　　　　　　）

得点

時間 **20** 分

/100点

17 分数と小数

◆ 次の分数を小数や整数になおしましょう。 　　　　1つ5〔30点〕

① $\dfrac{3}{4}$

② $\dfrac{11}{10}$

③ $\dfrac{7}{8}$

（　　　　　）　　　　（　　　　　）　　　　（　　　　　）

④ $\dfrac{95}{5}$

⑤ $\dfrac{23}{20}$

⑥ $3\dfrac{1}{25}$

（　　　　　）　　　　（　　　　　）　　　　（　　　　　）

♥ 次の小数を分数になおしましょう。 　　　　1つ5〔30点〕

⑦ 0.2

⑧ 1.3

⑨ 2.75

（　　　　　）　　　　（　　　　　）　　　　（　　　　　）

⑩ 3.2

⑪ 1.05

⑫ 0.025

（　　　　　）　　　　（　　　　　）　　　　（　　　　　）

♠ 分数で答えましょう。 　　　　1つ6〔12点〕

⑬ 2mは、3mの何倍ですか。

⑭ 9kgを1とみると、84kgはいくつになりますか。

（　　　　　）　　　　　　　　　（　　　　　）

♣ □にあてはまる不等号を書きましょう。 　　　　1つ7〔28点〕

⑮ 0.79 □ $\dfrac{4}{5}$

⑯ $\dfrac{2}{3}$ □ 0.66

⑰ 1.13 □ $\dfrac{9}{8}$

⑱ $3\dfrac{5}{9}$ □ 3.6

18 平　均

時間 **20** 分

得点

/100点

◆ 次の量の平均を求めましょう。

1つ7〔42点〕

❶ 30人、40人、50人

（　　　　　　　　）

❷ 102 mL、105 mL、90 mL、97 mL

（　　　　　　　　）

❸ 33g、48g、26g、88g、29g

（　　　　　　　　）

❹ 5 cm²、4.7 cm²、3.8 cm²、0 cm²、5.3 cm²

（　　　　　　　　）

❺ 9.8 m、9.6 m、8.9 m、9.8 m、8.2 m

（　　　　　　　　）

❻ 50分、45分、60分、75分

（　　　　　　　　）

♥ 下の表の空らんにあてはまる数を書きましょう。

1つ7〔14点〕

❼ 欠席者の人数

曜日	月	火	水	木	金	平均
人数（人）	3	1	0		5	2.2

❽ めがねをかけている人の人数

組	A	B	C	D	E	平均
人数（人）	8	7		8	9	9

♠ 25個のたまごのうち、3個の重さの平均が58.5gのとき、次の量を求めましょう。

1つ8〔16点〕

❾ これら3個のたまごの合計の重さ

（　　　　　　　　）

❿ 25個のたまご全体のおよその重さ

（　　　　　　　　）

♣ 次の問いに答えましょう。

1つ7〔28点〕

⓫ 1日に平均1.1Lの水を飲むとき、2週間で飲む水の量は、およそ何Lになりますか。

式

答え（　　　　　　　　）

⓬ 1日に平均で1.2km走るとき、走ったきょりの合計が30kmになるには、およそ何日かかりますか。

式

答え（　　　　　　　　）

19 単位量あたりの大きさ

時間 20分　得点　/100点

◆ 次の単位量あたりの大きさを求めましょう。　　　　　　1つ7〔42点〕

・10m²の部屋の中に5人いるときの、

① 1m²あたりの人数　　　　　② 1人あたりの広さ

（　　　　　　　）　　　　　（　　　　　　　）

・ガソリン40Lで500km走る自動車の、

③ ガソリン1Lあたりに走る道のり　　④ 1kmあたりに必要なガソリンの量

（　　　　　　　）　　　　　（　　　　　　　）

・50mあたりの重さが1600gのはり金の、

⑤ 1mあたりの重さ　　　　　⑥ 1kgあたりの長さ

（　　　　　　　）　　　　　（　　　　　　　）

♥ 1mあたりのねだんが125円のテープについて、次の長さや代金を求めましょう。

⑦ 4.2mの代金　　　　　　　⑧ 10.6mの代金　　　　1つ7〔28点〕

（　　　　　　　）　　　　　（　　　　　　　）

⑨ 500円分の長さ　　　　　⑩ 1200円分の長さ

（　　　　　　　）　　　　　（　　　　　　　）

♠ 下の表を見て、Ａ市、Ｂ市、Ｃ市の人口密度を、四捨五入して上から2けたのがい数で求めましょう。　　　　　　1つ10〔30点〕

都市の面積と人口

	面積(km²)	人口(万人)
A市	1004	201
B市	560	144
C市	332	159

⑪ A市 （　　　　　）

⑫ B市 （　　　　　）

⑬ C市 （　　　　　）

20 速さ (1)

時間 20分

得点　/100点

◆ 次の速さを、〔　〕の中の単位で求めましょう。　1つ8〔24点〕

❶ 150mを30秒で走る人の秒速〔m〕

（　　　　　　　）

❷ 180kmを2時間で走る列車の時速〔km〕

（　　　　　　　）

❸ 2000mを25分間で歩く人の分速〔m〕

（　　　　　　　）

♥ 次の道のりを、〔　〕の中の単位で求めましょう。　1つ8〔24点〕

❹ 時速54kmで走る自動車が45分間に進む道のり〔km〕

（　　　　　　　）

❺ 秒速15mで走る動物が5分間に進む道のり〔m〕

（　　　　　　　）

❻ 分速75mで歩く人が2時間に進む道のり〔km〕

（　　　　　　　）

♠ 次の時間を、〔　〕の中の単位で求めましょう。　1つ8〔24点〕

❼ 分速0.8kmで走る自動車が120km進むのにかかる時間〔時間〕

（　　　　　　　）

❽ 秒速20mで飛ぶ鳥が30km飛ぶのにかかる時間〔分〕

（　　　　　　　）

❾ 時速18kmで走る自転車が36km進むのにかかる時間〔分〕

（　　　　　　　）

♣ 右の表の空らんにあてはまる数を書きましょう。
1つ3〔18点〕

	秒速	分速	時速
自転車	5m		
電車		1.2km	
飛行機			540km

◆ なみさんは40分間に3km歩きました。12分間では何m歩きますか。　1つ5〔10点〕

式

答え（　　　　　　　）

21 速さ (2)

◆ 次の速さを、〔　〕の中の単位で求めましょう。　　　　　　　1つ8〔24点〕

① 150kmを2.5時間で走る自動車の時速〔km〕

（　　　　　　　）

② 0.9kmを5分間で進む自転車の分速〔m〕

（　　　　　　　）

③ 192mを16秒間で走る馬の秒速〔m〕

（　　　　　　　）

♥ 次の道のりを、〔　〕の中の単位で求めましょう。　　　　　　1つ8〔24点〕

④ 分速500mのバイクが18分間に進む道のり〔km〕

（　　　　　　　）

⑤ 秒速20mで飛ぶ鳥が40秒間に進む道のり〔m〕

（　　　　　　　）

⑥ 時速36kmで走るバスが15分間に進む道のり〔m〕

（　　　　　　　）

♠ 次の時間を、〔　〕の中の単位で求めましょう。　　　　　　　1つ8〔24点〕

⑦ 時速4.5kmで歩く人が9000m進むのにかかる時間〔時間〕

（　　　　　　　）

⑧ 分速180mで走る人が10.8km進むのにかかる時間〔分〕

（　　　　　　　）

⑨ 秒速55mで飛ぶ鳥が6050m飛ぶのにかかる時間〔時間〕

（　　　　　　　）

♣ 右の表の空らんにあてはまる数を書きましょう。

1つ3〔18点〕

	秒速	分速	時速
はと			72km
つばめ	65m		
飛行機		18km	

◆ 家からA町まで自動車で往復しました。行きは時速48kmで走り、36分後にA町に着きました。帰りは行きの速さの1.5倍で走るとき、帰りには何分かかりますか。

式　　　　　　　　　　　　　　　　　　　　　　　　1つ5〔10点〕

答え（　　　　　　　）

◆ 次の平行四辺形の面積を求めましょう。　　　　　1つ8〔32点〕

  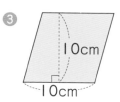 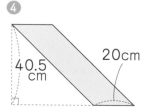

①　　　　　②　　　　　③　　　　　④

(　　　　　)　(　　　　　)　(　　　　　)　(　　　　　)

♥ 次の三角形の面積を求めましょう。　　　　　1つ8〔32点〕

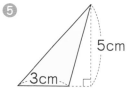  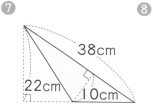 

⑤　　　　　⑥　　　　　⑦　　　　　⑧

(　　　　　)　(　　　　　)　(　　　　　)　(　　　　　)

♠ 次の底辺がわかっている平行四辺形と三角形の高さを求めましょう。　1つ9〔36点〕

⑨ 54cm²　9cm　　　　　⑩ 24cm²　8cm

(　　　　　)　　　　　(　　　　　)

⑪ 30cm　900cm²　　　　　⑫ 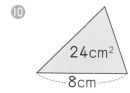 18cm 302.4cm²

(　　　　　)　　　　　(　　　　　)

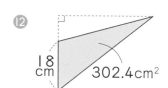

23 四角形と三角形の面積 (2)

◆ 次の台形の面積を求めましょう。 1つ8〔32点〕

❶ 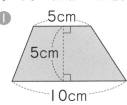 ❷ 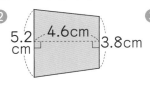 ❸  ❹

♥ 次のひし形の面積を求めましょう。 1つ8〔32点〕

❺ 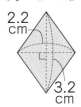 ❻ 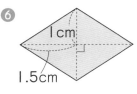 ❼ 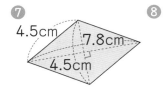 ❽

♠ 色をぬった部分の面積を求めましょう。 1つ9〔36点〕

❾ 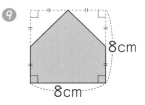 ❿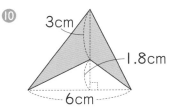

⓫ 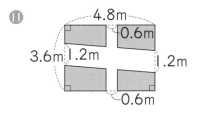 ⓬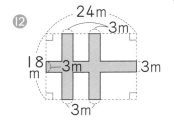

24 割合と百分率 (1)

得点

/100点

◆ 下の表の空らんにあてはまる割合を書きましょう。　　　　　1つ4〔40点〕

割合を表す小数	0.7	③		0.45	⑦		⑨
百分率	①		20%	⑤		⑧	
							91%
歩合	②		④		⑥	8割	⑩

♥ □にあてはまる数を書きましょう。　　　　　1つ6〔48点〕

⑪ 1.62gは、9gの □ %です。

⑫ 125m²の □割□分は、105m²です。

⑬ 3.8Lの38%は □ Lです。

⑭ □ kmは27kmの44%です。

⑮ 1500人の14%は □ 人です。

⑯ 3900円は □ 円の5割2分です。

⑰ □ cm³の33%は198cm³です。

⑱ 46万さつは □ 万さつの92%です。

♠ 定価が65000円のテレビを、定価の4割引きで買いました。何円で買いましたか。

式　　　　　　　　　　　　　　　　　　　　　　1つ6〔12点〕

答え （　　　　　　　　　　）

25 割合と百分率(2)

時間 **20** 分

得点

/100点

◆ 下の表の空らんにあてはまる割合を書きましょう。

1つ4〔40点〕

割合を表す小数	0.14	③		0.109	⑦		⑨
百分率	①		2.7%	⑤	⑧		100%
歩合	②	④		⑥		8割5厘	⑩

♥ □にあてはまる数を書きましょう。

1つ6〔48点〕

⑪ 2haは、16haの □ %です。

⑫ 63.95gの □ 割は、76.74gです。

⑬ 15.06mLの25%は □ mLです。

⑭ 34mの70.5%は □ mです。

⑮ 500人の101%は □ 人です。

⑯ 30600円は □ 円の25%です。

⑰ □ m³の130%は78m³です。

⑱ 54万本は □ 万本の9%です。

♠ 面積が25m²の畑の面積を12%広げて、新しい畑をつくります。新しい畑全体の面積を求めましょう。

1つ6〔12点〕

式

答え（　　　　　　　　）

26 円周の長さ

◆ 次の円の、円周の長さを求めましょう。　　　　　　　　　　　1つ7〔14点〕

① 直径20cmの円

② 半径0.6mの円

(　　　　　　　　)　　　　　　　(　　　　　　　　)

♥ 次の長さを求めましょう。　　　　　　　　　　　　　　　　1つ7〔14点〕

③ 円周が37.68cmの円の直径

④ 円周が62.8mの円の半径

(　　　　　　　　)　　　　　　　(　　　　　　　　)

♠ 次の形のまわりの長さを求めましょう。　　　　　　　　　　1つ9〔18点〕

⑤ 直径13cmの円の半分

⑥ 半径7.5mの円の$\frac{1}{4}$

(　　　　　　　　)　　　　　　　(　　　　　　　　)

♣ 色をぬった部分のまわりの長さを求めましょう。　　　　　　1つ9〔54点〕

⑦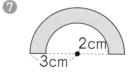

(　　　　　　　　)

⑧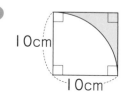

(　　　　　　　　)

⑨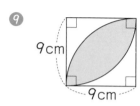

(　　　　　　　　)

⑩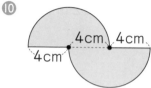

(　　　　　　　　)

⑪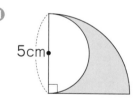

(　　　　　　　　)

⑫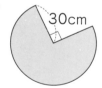

(　　　　　　　　)

27 5年のまとめ (1)

◆ 計算をしましょう。わり算は、わりきれるまで計算しましょう。　　　　　1つ4〔36点〕

① 0.6×0.4　　　　② 1.5×0.6　　　　③ 8.65×2.4

④ 0.9×1.35　　　⑤ 20.8×0.05　　　⑥ 17÷3.4

⑦ 0.4÷0.8　　　　⑧ 8.4÷1.2　　　　⑨ 0.25÷0.04

♥ 商は一の位まで求めて、あまりも出しましょう。　　　　　　　　　　　1つ5〔15点〕

⑩ 38.5÷6.5　　　⑪ 41.4÷2.2　　　⑫ 3.2÷0.28

♠ 商は四捨五入して、上から2けたのがい数で求めましょう。　　　　　　　1つ5〔15点〕

⑬ 6.7÷1.4　　　　⑭ 7.64÷1.1　　　⑮ 36.5÷6.7

♣ □にあてはまる数を書きましょう。　　　　　　　　　　　　　　　　　1つ6〔24点〕

⑯ 2.8Lは、8Lの □ %です。　　　⑰ 1600円の135%は □ 円です。

⑱ □ m²の65%は182m²です。　　　⑲ 63kgは □ kgの75%です。

◆ ある店では、シャツが定価の2割引きの1480円で売っていました。シャツの定価はいくらですか。　　　　　　　　　　　　　　　　　　　　　　　　　　1つ5〔10点〕

式

答え (　　　　　　　　　)

28　5年のまとめ (2)

◆ 計算をしましょう。　　　　　　　　　　　　　　　1つ6〔36点〕

① $\dfrac{1}{3}+\dfrac{1}{6}$

② $\dfrac{7}{6}+\dfrac{11}{10}$

③ $\dfrac{7}{12}+1\dfrac{1}{4}$

④ $\dfrac{3}{4}-\dfrac{7}{12}$

⑤ $\dfrac{11}{6}-\dfrac{17}{15}$

⑥ $1\dfrac{2}{3}-\dfrac{8}{9}$

♥ 次の道のり、時間を、〔　〕の中の単位で求めましょう。　　1つ8〔16点〕

⑦ 秒速72mで走る新幹線が12.5秒間に進む道のり〔m〕

（　　　　　　　）

⑧ 時速4.5kmで歩く人が5400m進むのにかかる時間〔分〕

（　　　　　　　）

♠ 色をぬった部分の面積を求めましょう。　　　　　　　1つ8〔32点〕

⑨
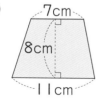
7cm
8cm
11cm

（　　　　　　　）

⑩
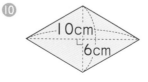
10cm
6cm

（　　　　　　　）

⑪
6cm
2cm
4cm　8cm

（　　　　　　　）

⑫
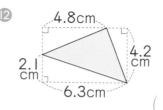
4.8cm
4.2cm
2.1cm
6.3cm

（　　　　　　　）

♣ コーヒーを$1\dfrac{1}{5}$L、牛にゅうを$\dfrac{2}{15}$L混ぜてコーヒー牛にゅうをつくり、$\dfrac{3}{5}$L飲みました。コーヒー牛にゅうは何L残っていますか。　　1つ8〔16点〕

式

答え（　　　　　　　）

答え

1
① 364 cm³　② 184.8 cm³
③ 8000000 cm³　④ 152 cm³
⑤ 200 cm³　⑥ 80 cm³
⑦ 8 cm³、8 mL
⑧ 192 cm³、192 mL
⑨ 250000 cm³、250 L
5 cm
式 25×10×1.2＝300
　　　　答え 300 m³、300000 L

2
① 120 cm³　② 512 cm³
③ 94 cm³　④ 260 cm³
⑤ 270 cm³　⑥ 1350 cm³
3840 cm³
式 50×60×15＝45000
　　　　答え 45000 cm³、45 L

3
① 17.4　② 14.49　③ 26.6
④ 1.998　⑤ 3.432　⑥ 162.207
⑦ 2.059　⑧ 9.113　⑨ 1.1118
⑩ 11　⑪ 202　⑫ 3
⑬ 10　⑭ 0.99　⑮ 0.218
⑯ 0.098　⑰ 0.9　⑱ 0.08
式 27.6×7.3＝201.48
　　　　答え 201.48 g

4
① 86　② 11.64　③ 18.19
④ 359.94　⑤ 77.568　⑥ 9.999
⑦ 5.624　⑧ 0.4356　⑨ 9.7216
⑩ 21.7　⑪ 1.2　⑫ 8.8
⑬ 0.78　⑭ 0.636　⑮ 0.084
⑯ 0.405　⑰ 0.2　⑱ 0.01
式 0.45×0.8＝0.36　答え 0.36 m²

5
① 8.99　② 23.68　③ 3.784
④ 13.018　⑤ 38.335　⑥ 51.603
⑦ 8.3018　⑧ 273.6　⑨ 2097.8
⑩ 30.1　⑪ 22.95　⑫ 903
⑬ 203　⑭ 4.08　⑮ 0.416
⑯ 0.918　⑰ 0.78　⑱ 0.6
式 140×1.25＝175　答え 175 cm

6
① 1.6　② 2.9　③ 3.4
④ 3.5　⑤ 8.2　⑥ 6.5
⑦ 1.4　⑧ 1.8　⑨ 2.5
⑩ 6　⑪ 8　⑫ 7
⑬ 38　⑭ 29　⑮ 27
⑯ 60　⑰ 30　⑱ 50
式 36.75÷7.5＝4.9　　答え 4.9 m

7
① 0.8　② 0.6　③ 0.76
④ 0.75　⑤ 0.725　⑥ 0.275
⑦ 2.5　⑧ 6.4　⑨ 7.5
⑩ 8.5　⑪ 4.5　⑫ 36.25
⑬ 11.5　⑭ 4.75　⑮ 6.65
⑯ 1.225　⑰ 16　⑱ 24
式 4.8÷6.4＝0.75　　答え 0.75 kg

8
① 3 あまり 3.1　② 5 あまり 3
③ 18 あまり 1.8　④ 56 あまり 4
⑤ 44 あまり 7.4　⑥ 2 あまり 0.5
⑦ 1 あまり 8.2　⑧ 3 あまり 4.5
⑨ 1 あまり 1.63　⑩ 3.3
⑪ 5.5　⑫ 1.9　⑬ 1.4
⑭ 4.4　⑮ 2.4　⑯ 21
⑰ 2.8　⑱ 21
式 11.5÷3.6＝3.19…　答え 約 3.2 m

9
① 8　② 0.4　③ 9
④ 505　⑤ 0.075　⑥ 45
⑦ 0.5　⑧ 9.5　⑨ 0.3125
⑩ 4 あまり 1.76　⑪ 8 あまり 0.51
⑫ 29 あまり 1.52　⑬ 1 あまり 0.71
⑭ 2 あまり 0.54　⑮ 200 あまり 0.2
⑯ 5.6　⑰ 45　⑱ 80
式 421÷33.3＝12 あまり 21.4
　　答え 12 本できて 21.4 cm あまる。

10
① 2、12、40、56　② 7、21、33、61
③ 7、21、56　④ 12、24、36
⑤ 15、30、45　⑥ 96、192、288
⑦ 52、104、156
⑧ 1、2、3、4、6、8、12、24
⑨ 1、7、49
⑩ 1、2、3、4、6、8、12、24
⑪ 1、13　⑫ 288、12　⑬ 510、17
80 cm

11
① 50° ② 140° ③ 60°
④ 105° ⑤ 140° ⑥ 135°
⑦ 85° ⑧ 54° ⑨ 95°
⑩ 135° ⑪ 80° ⑫ 25°
⑬ あ30° い60°
⑭ う72° え72°

12
① $\frac{11}{12}$ ② $\frac{8}{15}$ ③ $\frac{11}{14}$
④ $\frac{5}{8}$ ⑤ $\frac{22}{15}\left(1\frac{7}{15}\right)$ ⑥ $\frac{29}{28}\left(1\frac{1}{28}\right)$
⑦ $\frac{44}{15}\left(2\frac{14}{15}\right)$ ⑧ $\frac{19}{18}\left(1\frac{1}{18}\right)$ ⑨ $\frac{41}{24}\left(1\frac{17}{24}\right)$
⑩ $\frac{3}{14}$ ⑪ $\frac{1}{20}$ ⑫ $\frac{29}{42}$
⑬ $\frac{19}{40}$ ⑭ $\frac{3}{20}$ ⑮ $\frac{13}{21}$
⑯ $\frac{3}{8}$ ⑰ $\frac{40}{21}\left(1\frac{19}{21}\right)$ ⑱ $\frac{29}{40}$
式 $\frac{8}{5}-\frac{4}{3}=\frac{4}{15}$ 答え $\frac{4}{15}$ L

13
① $\frac{3}{4}$ ② $\frac{1}{2}$ ③ $\frac{3}{10}$ ④ $\frac{4}{5}$
⑤ $\frac{3}{20}$ ⑥ $\frac{6}{5}\left(1\frac{1}{5}\right)$ ⑦ $\frac{25}{21}\left(1\frac{4}{21}\right)$
⑧ $\frac{7}{6}\left(1\frac{1}{6}\right)$ ⑨ $\frac{77}{30}\left(2\frac{17}{30}\right)$ ⑩ $\frac{1}{4}$
⑪ $\frac{8}{15}$ ⑫ $\frac{1}{2}$ ⑬ $\frac{3}{10}$ ⑭ $\frac{5}{2}\left(2\frac{1}{2}\right)$
⑮ $\frac{1}{6}$ ⑯ $\frac{10}{21}$ ⑰ $\frac{3}{5}$ ⑱ $\frac{73}{15}\left(4\frac{13}{15}\right)$
式 $\frac{2}{3}+\frac{5}{6}=\frac{3}{2}$ 答え $\frac{3}{2}\left(1\frac{1}{2}\right)$kg

14
① $2\frac{1}{6}\left(\frac{13}{6}\right)$ ② $1\frac{17}{35}\left(\frac{52}{35}\right)$ ③ $3\frac{1}{8}\left(\frac{25}{8}\right)$
④ $2\frac{7}{12}\left(\frac{31}{12}\right)$ ⑤ $4\frac{3}{40}\left(\frac{163}{40}\right)$ ⑥ $3\frac{7}{30}\left(\frac{97}{30}\right)$
⑦ $4\frac{23}{45}\left(\frac{203}{45}\right)$ ⑧ $4\frac{5}{12}\left(\frac{53}{12}\right)$ ⑨ $4\frac{13}{24}\left(\frac{109}{24}\right)$
⑩ $1\frac{1}{2}\left(\frac{3}{2}\right)$ ⑪ $2\frac{3}{4}\left(\frac{11}{4}\right)$ ⑫ $3\frac{1}{2}\left(\frac{7}{2}\right)$
⑬ $4\frac{3}{20}\left(\frac{83}{20}\right)$ ⑭ $5\frac{1}{18}\left(\frac{91}{18}\right)$ ⑮ $3\frac{7}{15}\left(\frac{52}{15}\right)$
⑯ $2\frac{1}{6}\left(\frac{13}{6}\right)$ ⑰ $6\frac{1}{2}\left(\frac{13}{2}\right)$ ⑱ $8\frac{1}{6}\left(\frac{49}{6}\right)$
式 $1\frac{1}{6}+\frac{5}{14}=1\frac{11}{21}$ 答え $1\frac{11}{21}\left(\frac{32}{21}\right)$L

15
① $2\frac{1}{6}\left(\frac{13}{6}\right)$ ② $1\frac{5}{36}\left(\frac{41}{36}\right)$ ③ $1\frac{13}{24}\left(\frac{37}{24}\right)$
④ $2\frac{1}{6}\left(\frac{13}{6}\right)$ ⑤ $1\frac{3}{20}\left(\frac{23}{20}\right)$ ⑥ $2\frac{2}{7}\left(\frac{16}{7}\right)$

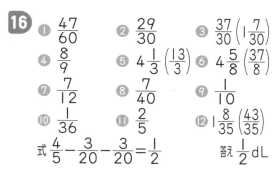

⑦ $\frac{1}{2}$ ⑧ $\frac{1}{24}$ ⑨ $\frac{9}{20}$
⑩ $\frac{7}{10}$ ⑪ $\frac{17}{24}$ ⑫ $\frac{19}{36}$
⑬ $2\frac{20}{21}\left(\frac{62}{21}\right)$ ⑭ $1\frac{5}{12}\left(\frac{17}{12}\right)$ ⑮ $\frac{5}{6}$
⑯ $\frac{4}{5}$ ⑰ $2\frac{25}{28}\left(\frac{81}{28}\right)$ ⑱ $\frac{11}{12}$
式 $2\frac{5}{12}-\frac{9}{20}=1\frac{29}{30}$ 答え $1\frac{29}{30}\left(\frac{59}{30}\right)$kg

16
① $\frac{47}{60}$ ② $\frac{29}{30}$ ③ $\frac{37}{30}\left(1\frac{7}{30}\right)$
④ $\frac{8}{9}$ ⑤ $4\frac{1}{3}\left(\frac{13}{3}\right)$ ⑥ $4\frac{5}{8}\left(\frac{37}{8}\right)$
⑦ $\frac{7}{12}$ ⑧ $\frac{7}{40}$ ⑨ $\frac{1}{10}$
⑩ $\frac{1}{36}$ ⑪ $\frac{2}{5}$ ⑫ $1\frac{8}{35}\left(\frac{43}{35}\right)$
式 $\frac{4}{5}-\frac{3}{20}-\frac{3}{20}=\frac{1}{2}$ 答え $\frac{1}{2}$dL

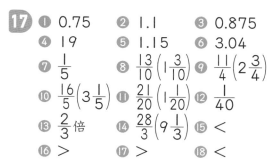

17
① 0.75 ② 1.1 ③ 0.875
④ 19 ⑤ 1.15 ⑥ 3.04
⑦ $\frac{1}{5}$ ⑧ $\frac{13}{10}\left(1\frac{3}{10}\right)$ ⑨ $\frac{11}{4}\left(2\frac{3}{4}\right)$
⑩ $\frac{16}{5}\left(3\frac{1}{5}\right)$ ⑪ $\frac{21}{20}\left(1\frac{1}{20}\right)$ ⑫ $\frac{1}{40}$
⑬ $\frac{2}{3}$倍 ⑭ $\frac{28}{3}\left(9\frac{1}{3}\right)$ ⑮ <
⑯ > ⑰ > ⑱ <

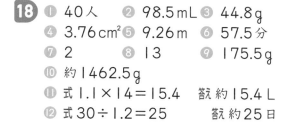

18
① 40人 ② 98.5mL ③ 44.8g
④ 3.76cm² ⑤ 9.26m ⑥ 57.5分
⑦ 2 ⑧ 13 ⑨ 175.5g
⑩ 約1462.5g
⑪ 式1.1×14=15.4 答え 約15.4L
⑫ 式30÷1.2=25 答え 約25日

19
① 0.5人 ② 2m² ③ 12.5km
④ 0.08L ⑤ 32g ⑥ 31.25m
⑦ 525円 ⑧ 1325円 ⑨ 4m
⑩ 9.6m ⑪ 約2000人
⑫ 約2600人 ⑬ 約4800人

20
① 秒速5m ② 時速90km
③ 分速80m ④ 40.5km
⑤ 4500m ⑥ 9km
⑦ 2.5時間 ⑧ 25分 ⑨ 120分

	秒速	分速	時速
自転車	5m	0.3km	18km
電車	20m	1.2km	72km
飛行機	150m	9km	540km

式 3000÷40＝75　75×12＝900
答え 900m

21
① 時速60km ② 分速180m
③ 秒速12m ④ 9km
⑤ 800m ⑥ 9000m
⑦ 2時間 ⑧ 60分 ⑨ $\frac{11}{360}$時間

	秒速	分速	時速
はと	20m	1.2km	72km
つばめ	65m	3.9km	234km
飛行機	300m	18km	1080km

式 48÷60＝0.8　0.8×36＝28.8
0.8×1.5＝1.2　28.8÷1.2＝24
答え 24分

22 ① 18cm² ② 9.72cm² ③ 100cm²
④ 810cm² ⑤ 7.5cm² ⑥ 33.12cm²
⑦ 190cm² ⑧ 12.1cm² ⑨ 6cm
⑩ 6cm ⑪ 30cm ⑫ 33.6cm

23 ① 37.5cm² ② 20.7cm² ③ 15.2cm²
④ 39.69cm² ⑤ 3.52cm² ⑥ 3cm²
⑦ 17.55cm² ⑧ 54.08cm² ⑨ 48cm²
⑩ 9cm² ⑪ 10.08m² ⑫ 162m²

24 ① 70% ② 7割 ③ 0.2
④ 2割 ⑤ 45% ⑥ 4割5分
⑦ 0.8 ⑧ 80% ⑨ 0.91
⑩ 9割1分 ⑪ 18 ⑫ 8、4
⑬ 1.444 ⑭ 11.88 ⑮ 210
⑯ 7500 ⑰ 600 ⑱ 50
式 65000×0.4＝26000
　　65000−26000＝39000
　　または、1−0.4＝0.6
　　65000×0.6＝39000
答え 39000円

25 ① 14% ② 1割4分 ③ 0.027
④ 2分7厘 ⑤ 10.9% ⑥ 1割9厘
⑦ 0.805 ⑧ 80.5% ⑨ 1
⑩ 10割 ⑪ 12.5 ⑫ 12
⑬ 3.765 ⑭ 23.97 ⑮ 505
⑯ 122400 ⑰ 60 ⑱ 600
式 25×0.12＝3　25＋3＝28
　　または
　　1＋0.12＝1.12　25×1.12＝28
答え 28m²

26 ① 62.8cm ② 3.768m
③ 12cm ④ 10m
⑤ 33.41cm ⑥ 26.775m
⑦ 17.7cm ⑧ 35.7cm
⑨ 28.26cm ⑩ 33.12cm
⑪ 20.7cm ⑫ 201.3cm

27 ① 0.24 ② 0.9 ③ 20.76
④ 1.215 ⑤ 1.04 ⑥ 5
⑦ 0.5 ⑧ 7 ⑨ 6.25
⑩ 5あまり6 ⑪ 18あまり1.8
⑫ 11あまり0.12 ⑬ 4.8
⑭ 6.9 ⑮ 5.4 ⑯ 35
⑰ 2160 ⑱ 280 ⑲ 84
式 1−0.2＝0.8　1480÷0.8＝1850
答え 1850円

28 ① $\frac{1}{2}$ ② $\frac{34}{15}\left(2\frac{4}{15}\right)$ ③ $1\frac{5}{6}\left(\frac{11}{6}\right)$
④ $\frac{1}{6}$ ⑤ $\frac{7}{10}$ ⑥ $\frac{7}{9}$
⑦ 900m ⑧ 72分
⑨ 72cm² ⑩ 30cm²
⑪ 36cm² ⑫ 11.655cm²
式 $1\frac{1}{5}+\frac{2}{15}-\frac{3}{5}=\frac{11}{15}$　　答え $\frac{11}{15}$L

「小学教科書ワーク・
数と計算」で、
さらに練習しよう！

32

わくわくシール

★学習が終わったら、ページの上に好きなふせんシールをはろう。
　がんばったページやあとで見直したいページなどにはってもいいよ。
★実力判定テストが終わったら、まんてんシールをはろう。

まんてんシール

ばっちり！

おめでとう！

かんぺき！

ふせんシール

平行四辺形の面積＝底辺×高さ

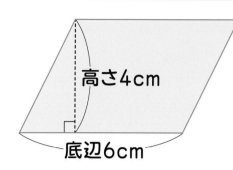
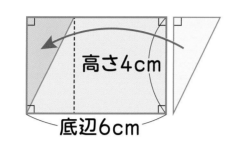

$6 × 4 = 24 (cm^2)$

右の三角形を左に移動すると、長方形になります。

三角形の面積＝底辺×高さ÷2

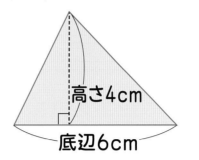
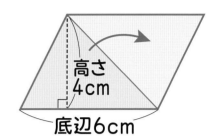

$6 × 4 ÷ 2 = 12 (cm^2)$

三角形を2つ合わせると、平行四辺形になります。

台形の面積＝（上底＋下底）×高さ÷2

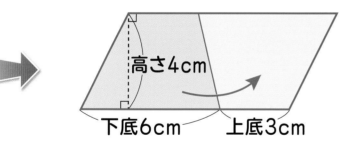

$(3 + 6) × 4 ÷ 2 = 18 (cm^2)$

台形を2つ合わせると、平行四辺形になります。

ひし形の面積＝対角線×対角線÷2

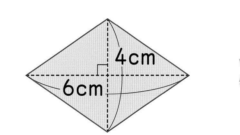
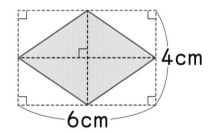

$4 × 6 ÷ 2 = 12 (cm^2)$

ひし形をおおう長方形の面積の半分になります。

面積の求め方のくふう① （全体からひいて考える）

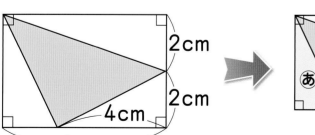
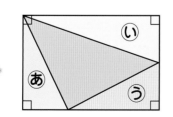

長方形全体の面積から、あ、い、うの三角形の面積をひけばいいね。

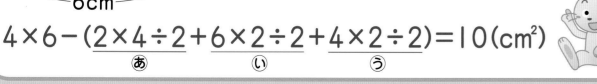

$4 × 6 - (\underset{あ}{2 × 4 ÷ 2} + \underset{い}{6 × 2 ÷ 2} + \underset{う}{4 × 2 ÷ 2}) = 10 (cm^2)$

面積の求め方のくふう② （はしによせて考える）

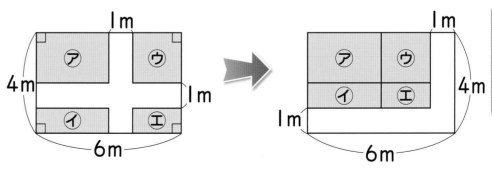

白の部分をはしによせると、1つの長方形になるよ。

$(4 - 1) × (6 - 1) = 15 (m^2)$

倍数と約数

倍　数…ある整数を整数倍してできる数
（3に整数をかけてできる数は3の倍数）

公倍数…いくつかの整数に共通な倍数

最小公倍数…公倍数のうち、いちばん小さい数

約　数…ある整数をわりきることができる整数
（8をわりきることのできる整数は8の約数）

公約数…いくつかの整数に共通な約数

最大公約数…公約数のうち、いちばん大きい数

4の倍数	4	8	12	16	20	24	28	32	36	…
6の倍数	6	12	18	24	30	36	42	48	54	…

4の倍数　6の倍数

4　8
16　20
28　32　…

12　24
36　…

6　18
30　42　…

4と6の公倍数

4と6の公倍数は、12、24、36、…
（4と6の公倍数は、いくらでもあります。）

4と6の最小公倍数は、12

公倍数は最小公倍数の倍数になっているね！

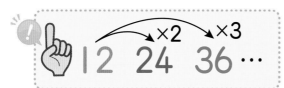
12　24　36　…
×2　×3

18の約数	1	2	3	6	9	18		
24の約数	1	2	3	4	6	8	12	24

18の約数　24の約数

9　18

1　2
3　6

4　8
12　24

18と24の公約数

18と24の公約数は、1、2、3、6

18と24の最大公約数は、6

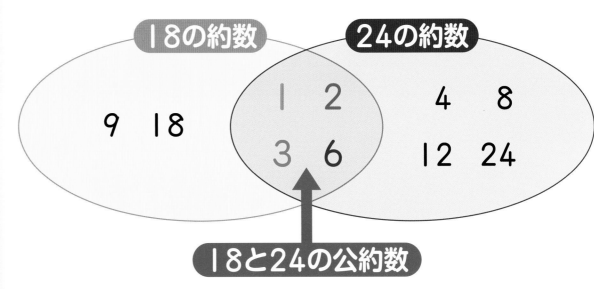

公約数は最大公約数の約数になっているよ！

1とその数自身は必ず約数になります。

動画　コードを読みとって、下の番号の動画を見てみよう。

日本文教版
算数 **5**年

① 数のしくみを調べよう　整数と小数のしくみ

数のしくみを調べよう

基本のワーク

教科書 12～15ページ　答え 1ページ

学習の目標
小数の 10 倍、100 倍、1000 倍、$\frac{1}{10}$、$\frac{1}{100}$、$\frac{1}{1000}$ を理解しよう。

基本 1 小数の表し方がわかりますか。

☆ □にあてはまる数をかきましょう。

$$73.529 = 10 \times □ + 1 \times □ + 0.1 \times □ + 0.01 \times □ + 0.001 \times □$$

とき方 73.529 は、10 が 7 個、1 が 3 個、□ が 5 個、□ が 2 個、□ が 9 個あることを表しています。

答え 問題の□にかく。

たいせつ
0、1、2、3、4、5、6、7、8、9 の 10 個の数字と小数点を使うと、どんな大きさの整数や小数も表すことができます。

1 □にあてはまる数をかきましょう。　📖 教科書 13ページ 1

① $3.65 = □ \times 3 + □ \times 6 + □ \times 5$

② $□ = 10 \times 3 + 1 \times 4 + 0.1 \times 1 + 0.01 \times 8$

2 □□□.□□に、2、4、6、8、9 の数字を 1 個ずつあてはめて、いちばん大きい数と、いちばん小さい数をつくりましょう。　📖 教科書 13ページ 2

大きい数（　　　　　　）　小さい数（　　　　　　）

基本 2 10 倍、100 倍、1000 倍、$\frac{1}{10}$、$\frac{1}{100}$、$\frac{1}{1000}$ にした数がわかりますか。

☆ 31.25 を 10 倍、100 倍、1000 倍、$\frac{1}{10}$、$\frac{1}{100}$、$\frac{1}{1000}$ にした数をかきましょう。

とき方 整数や小数を 10 倍、100 倍、1000 倍すると、位が □ けたずつ上がり、小数点はそれぞれ □ へ 1 けた、2 けた、3 けた移ります。数を $\frac{1}{10}$、$\frac{1}{100}$、$\frac{1}{1000}$ にすると、位が □ けたずつ下がり、小数点はそれぞれ □ へ 1 けた、2 けた、3 けた移ります。

答え 10 倍 □　　100 倍 □　　1000 倍 □
$\frac{1}{10}$ □　　$\frac{1}{100}$ □　　$\frac{1}{1000}$ □

3 63.4 を 10 倍、100 倍、1000 倍、$\frac{1}{10}$、$\frac{1}{100}$、$\frac{1}{1000}$ にした数をかきましょう。
📖 教科書 14ページ 2　15ページ 3

10 倍（　　　　　）　100 倍（　　　　　）　1000 倍（　　　　　）

$\frac{1}{10}$（　　　　　）　$\frac{1}{100}$（　　　　　）　$\frac{1}{1000}$（　　　　　）

2

ポイント ある数の小数点を右に移動すると、位が上がり、数が大きくなります。
ある数の小数点を左に移動すると、位が下がり、数が小さくなります。

まとめのテスト

時間 **20** 分

得点

／100点

教科書 12～16ページ　答え 1 ページ

1 □にあてはまる数をかきましょう。　1つ3〔9点〕

① 3.9＝1×□＋0.1×□

② 45.08＝10×□＋1×□＋0.1×□＋0.01×□

③ 9.726＝1×□＋0.1×□＋0.01×□＋0.001×□

2 次の数は、5.04 を何倍、または何分の一にした数ですか。　1つ5〔20点〕

① 50.4 （　　　　　　）　② 0.0504 （　　　　　　）

③ 5040 （　　　　　　）　④ 0.00504 （　　　　　　）

3 よく出る 次の数を 10 倍、100 倍、1000 倍、$\frac{1}{10}$、$\frac{1}{100}$、$\frac{1}{1000}$ にした数をかきましょう。　1つ3〔36点〕

① 3.15
　10 倍（　　　　　　）　100 倍（　　　　　　）　1000 倍（　　　　　　）
　$\frac{1}{10}$（　　　　　　）　$\frac{1}{100}$（　　　　　　）　$\frac{1}{1000}$（　　　　　　）

② 25.7
　10 倍（　　　　　　）　100 倍（　　　　　　）　1000 倍（　　　　　　）
　$\frac{1}{10}$（　　　　　　）　$\frac{1}{100}$（　　　　　　）　$\frac{1}{1000}$（　　　　　　）

4 次の計算をしましょう。　1つ5〔20点〕

① 37.5×10 （　　　　　　）　② 7.24×100 （　　　　　　）

③ 37.5÷10 （　　　　　　）　④ 7.24÷100 （　　　　　　）

5 □□.□□□に、1、3、4、7、9 の数字を 1 個ずつあてはめて、次の数をつくりましょう。　1つ5〔15点〕

① いちばん小さい数　　　　　　　　　　　（　　　　　　）

② いちばん大きい数　　　　　　　　　　　（　　　　　　）

③ 40 にいちばん近い数　　　　　　　　　　（　　　　　　）

チェック✔　□小数を 10 倍、100 倍したり、$\frac{1}{10}$、$\frac{1}{100}$ にしたりできたかな？

① 直方体と立方体の体積
② 体積の求め方のくふう

基本のワーク

学習の目標・
直方体や立方体の体積を公式を使って求められるようにしよう。

教科書　18〜25ページ　　答え　1ページ

基本①　体積の表し方がわかりますか。

☆ 右の㋐の直方体と㋑の立方体のかさは、どちらがどれだけ大きいですか。

とき方　もののかさのことを　□　といいます。
体積は、１辺が　□　cm の立方体が何個分あるかで表せます。１辺が１cm の立方体の体積を
１ □　といい、１ □　とかきます。
㋐…１辺が１cm の立方体が 60 個→ □ cm³
㋑…１辺が１cm の立方体が 64 個→ □ cm³
□ − □ = □ （cm³）

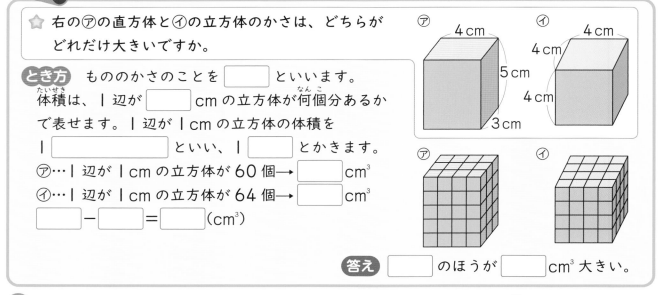

答え　□ のほうが □ cm³ 大きい。

---

❶ 下のような形の体積は何 cm³ ですか。

📖教科書　20ページ ❶ ❷

❶ 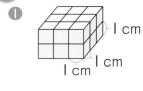　❷ 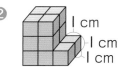　❸

（　　　　　）　（　　　　　）　（　　　　　）

基本②　直方体や立方体の体積を計算で求める方法がわかりますか。

☆ 右の㋐の直方体と㋑の立方体の体積は、それぞれ何 cm³ ですか。

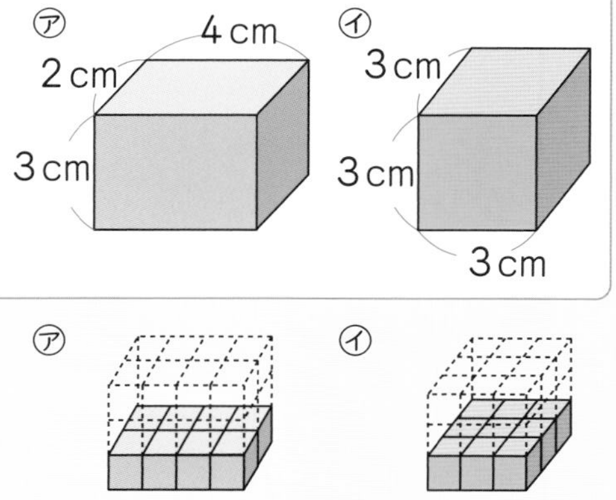

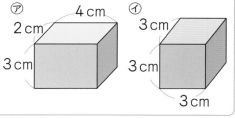

とき方　１cm³ の立方体が何個あるかを考えます。

㋐…１だんめは、2×4＝ □ （個）の立方体がならんでいます。それが上に３だんあるので、
2×4× □ ＝ □ （cm³）
㋑…１だんめは、3×3＝ □ （個）の立方体がならんでいます。それが上に３だんあるので、
3×3× □ ＝ □ （cm³）

🐱たいせつ

直方体の体積＝たて×横×高さ
立方体の体積＝１辺×１辺×１辺

答え　㋐ □ cm³　㋑ □ cm³

4

　お米の量をはかるときによく使われる「合」や「升」も、体積の単位だよ。

2 下の直方体や立方体の体積は何 cm³ ですか。

📖教科書 22ページ 3

❶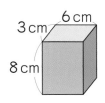
6 cm
3 cm
8 cm

（　　　　　　）

❷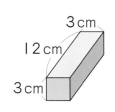
3 cm
12 cm
3 cm

（　　　　　　）

❸
2 cm
2 cm
2 cm

（　　　　　　）

❹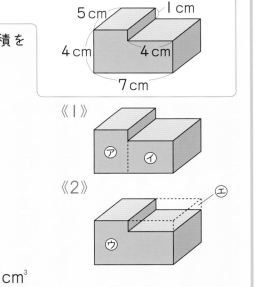
7 cm
7 cm
7 cm
7 cm

（　　　　　　）

基本 3 組み合わせた形の体積の求め方がわかりますか。

☆ 右のような形の体積は何 cm³ ですか。

とき方 このような形の体積は、直方体や立方体の体積を
もとに考えて求めます。

5 cm　1 cm
4 cm　4 cm
7 cm

《1》 ⑦と⑦の直方体に分けて考えると、

⑦…5×□×4=□（cm³）
⑦…□×□×□=□（cm³）
⑦＋⑦=□（cm³）

《2》 ⑦の直方体から⊆の直方体を取って考えると、

⑦…5×□×4=□（cm³）
⊆…□×4×1=□（cm³）
⑦－⊆=□（cm³）

答え □ cm³

《1》

《2》

---

3 下のような形の体積を求めましょう。

📖教科書 25ページ 1

❶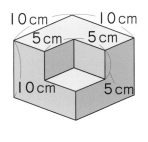
10 cm　10 cm
5 cm　5 cm
10 cm　5 cm

（　　　　　　）

❷
10 cm　8 cm
12 cm
10 cm　10 cm
25 cm　15 cm

（　　　　　　）

ポイント 1辺が 1cm の立方体が積み重なっているようすをイメージしましょう。

② 直方体や立方体のかさを表そう　体積

③ **いろいろな体積の単位** ［その1］

教科書 26〜27ページ　　答え 2 ページ

基本 ①　大きなものの体積の表し方がわかりますか。

☆ 右のような直方体の体積は何 m³ ですか。

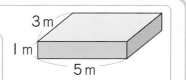

とき方　大きなものの体積は、1 辺が 1 m の立方体の体積を単位にして表します。

1 辺が 1 m の立方体の体積を 1 [ ] といい、

1 [ ] とかきます。求める直方体の体積は、

[ ] ×5× [ ] = [ ]（m³）

答え [ ] m³

---

① 下の直方体や立方体の体積は何 m³ ですか。　　📖教科書 26ページ1

①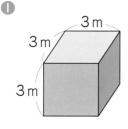

（　　　　　）

②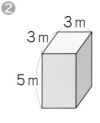

（　　　　　）

③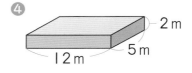

（　　　　　）

④

（　　　　　）

基本 ②　1 m³ は何 cm³ かわかりますか。

☆ 2 m³ は何 cm³ ですか。

とき方　まず、1 m³ の立方体の中に、1 cm³ の立方体が何個あるか考えます。

1 m＝ [ ] cm なので、

1 m³＝（ [ ] × [ ] × [ ] ）cm³

　　　＝ [ ] cm³

だから、2 m³＝（2× [ ] ）cm³

　　　　　＝ [ ] cm³

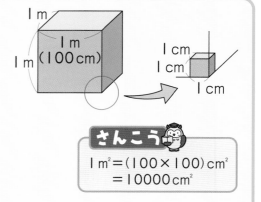

さんこう
1 m²＝（100×100）cm²
　　　＝10000 cm²

答え [ ] cm³

さんすうはかせ　体積（容積）を表す単位として、料理では「カップ」、「さじ」などを使うことがあるよ。
1 カップ＝200 cm³、大さじ 1 ぱい＝15 cm³ を表すんだよ。

2 右のような直方体の体積は何 cm^3 ですか。　📖教科書 26ページ2

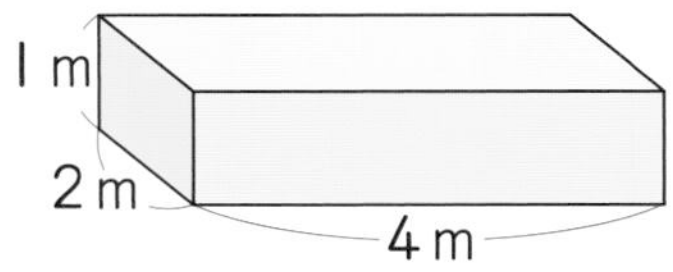

式

答え（　　　　　　　）

3 次の問題に答えましょう。　📖教科書 26ページ2

❶　5 m^3 は何 cm^3 ですか。

（　　　　　　　）

❷　9000000 cm^3 は何 m^3 ですか。

（　　　　　　　）

🔊基本**3** 入れものの容積が求められますか。

☆ 右の図の入れものは厚さ 1cm の板でできています。
この入れものの容積は、何 cm^3 ですか。

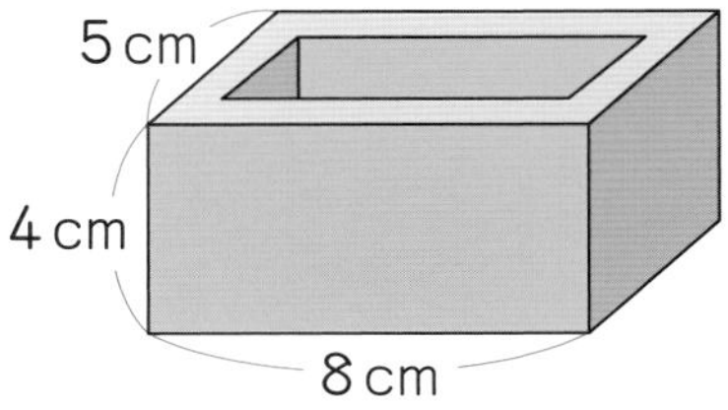

とき方　入れものの内側の、たて、横、深さを
▢　　　　　といいます。

入れものにはいるかさを ▢ といいます。

入れものの内のりの、たて、横、深さは、

たて…5−▢＝▢（cm）

横　…8−▢＝▢（cm）

深さ…4−▢＝▢（cm）

だから、この入れものの容積は

▢×▢×▢＝▢（cm^3）

たいせつ
中が直方体の形をしている
入れものの容積は、
たて×横×深さ
で求められます。

答え ▢ cm^3

4 右の図の入れものは厚さ 2cm の板でできています。
この入れものの容積は何 cm^3 ですか。　📖教科書 27ページ4

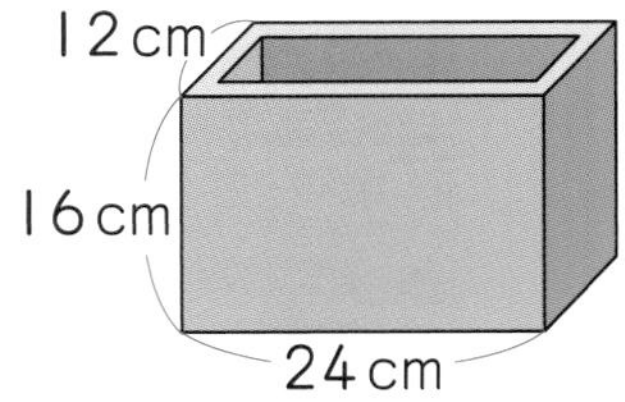

式

ヒント
容積を求めるには、
まず内のりを考えよう。

答え（　　　　　　　）

ポイント　cm が m になっても、体積を求める計算は同じ、たて×横×高さです。

③ いろいろな体積の単位 [その2]

基本のワーク

教科書 28〜29、294〜295ページ
答え 2 ページ

学習の目標
容積について理解し、cm³、L、m³の単位の関係を調べよう。

基本① L と cm³ の関係がわかりますか。

☆ 内のりが、たて 10cm、横 15cm、深さ 12cm の直方体の形をした入れものがあります。この入れものの容積は、何 L ですか。

とき方　入れものの容積は、

$\boxed{} \times \boxed{} \times \boxed{} = \boxed{}$（cm³）

1 L は、内のりのたて、横、深さがどれも 10cm の立方体の形をした入れものの容積なので、

1 L＝（10×10×10）＝$\boxed{}$ cm³

この入れものの容積は、$\boxed{}$ ÷1000 ＝ $\boxed{}$（L）

答え $\boxed{}$ L

1 内のりが、たて 14cm、横 25cm、深さ 16cm の直方体の形をした入れものの容積は、何 L ですか。
教科書 28ページ5
式

答え（　　　　　　　　　）

基本② m³ と L の関係がわかりますか。

☆ 内のりが、たて 2m、横 5m、深さ 1m の直方体の形をした入れものがあります。この入れものの容積は、何 L ですか。

とき方　入れものの容積は、$\boxed{} \times \boxed{} \times \boxed{} = \boxed{}$（m³）

1 m³ の立方体の中に、1 辺が 10cm の立方体は、たて、横、高さの方向に、それぞれ $\boxed{}$ 個ずつならぶので、

1 m³＝（10×10×10）＝$\boxed{}$ L

この入れものの容積は、$\boxed{}$ ×1000 ＝ $\boxed{}$（L）

答え $\boxed{}$ L

たいせつ
1 L＝1000cm³
1 cm³＝1mL
1 m³＝1000 L

2 内のりが、たて 7m、横 10m、深さ 8m の直方体の形をした入れものの容積は、何 L ですか。
教科書 28ページ5
式

答え（　　　　　　　　　）

さんすうはかせ　おとなの人間の体の体積はだいたい約 70 L なんだって。

3 □にあてはまる数をかきましょう。 教科書 28ページ5

❶ 7L＝□ cm^3　　❷ 2530 cm^3＝□ L

❸ 430 cm^3＝□ mL　　❹ 60mL＝□ cm^3

❺ 2 m^3＝□ L　　❻ 6300L＝□ m^3

基本 3 展開図から組み立てた箱の容積がわかりますか。

☆ 右の図のように、1辺が12cmの正方形の方眼紙を使って展開図をかき、ふたのない箱をつくります。

深さを2cmにしたときの、箱のたての長さと横の長さ、容積を求めましょう。

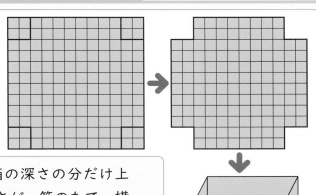

とき方 方眼紙のたて、横の長さから、箱の深さの分だけ上下や左右の両側から切り取った残りの長さが、箱のたて、横の長さになるので、

箱のたて、横の長さは、12－□×2＝□（cm）

また、箱の底は1辺□cmの正方形で、深さは2cmだから、

その容積は、□×□×2＝□（cm^3）

答え たて□cm　横□cm　容積□ cm^3

4 基本3と同じ方眼紙を使って、深さを1cmずついろいろ変えた箱をつくります。箱のたての長さ、横の長さと容積について調べましょう。 教科書 294〜295ページ

❶ 下の表にあてはまる数をかきましょう。

深さ(cm)	1	2	3	4	5
たて(cm)					
横(cm)					
容積(cm^3)					

❷ 深さが1cm、2cm、3cm、4cm、5cmの中で、箱の容積がいちばん大きくなるのは、箱の深さが何cmのときですか。

（　　　　）

ポイント 1L＝1000mLで、1L＝1000 cm^3 でもあるから、1mL＝1 cm^3 です。

② 直方体や立方体のかさを表そう　体積

練習のワーク

1 直方体、立方体の体積　下の直方体や立方体の体積を求めましょう。

①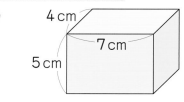
4cm 7cm 5cm

（　　　　　　　）

②
8cm 8cm 8cm

（　　　　　　　）

③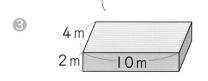
4m 2m 10m

（　　　　　　　）

2 組み合わせた形の体積　下のような形の体積を求めましょう。

①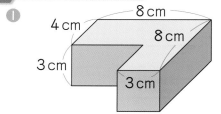
8cm 4cm 8cm 3cm 3cm

（　　　　　　　）

②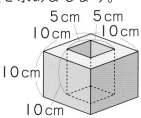
5cm 5cm 10cm 10cm 10cm 10cm 10cm

（　　　　　　　）

3 入れものの容積　次の直方体の形をした入れものの容積は何cm³ ですか。また、何L ですか。

① 内のりが、たて 5cm、横 20cm、深さ 30cm

式

答え（　　　　　　　）

② 内のりが、たて 40cm、横 25cm、深さ 80cm

式

答え（　　　　　　　）

4 単位の換算　□ にあてはまる数をかきましょう。

① 1cm³＝□cm×□cm×□cm

② 1m³＝□m×□m×□m

③ 1m³＝□cm×□cm×□cm＝□cm³

④ 1L＝□cm×□cm×□cm＝□cm³

てびき

1 直方体、立方体の体積

たいせつ
直方体の体積
＝たて×横×高さ
立方体の体積
＝1辺×1辺×1辺

2 組み合わせた形の体積

①2つの直方体に分ける方法と、大きな直方体からかけている部分をひく方法があります。

②大きな立方体の体積から直方体の体積をひきます。

3 入れものの容積
容積は、内のりのたて×横×深さで求めます。

4 単位の換算
L と m³、L と cm³ の関係に注意しましょう。

できるナビ　1m³＝1000000cm³ のように、大きい単位で表された数を小さい単位に変えるときは、0 の数が多くなるので、まちがえないように気をつけます。

まとめのテスト

教科書 18〜31、294〜295ページ　答え 2ページ

1 よく出る 下のような形の体積を求めましょう。 1つ6〔18点〕

①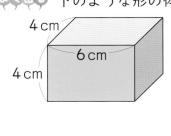

4 cm　6 cm　4 cm

②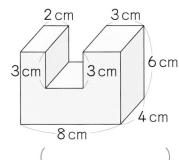

2 cm　3 cm　3 cm　3 cm　6 cm　8 cm　4 cm

③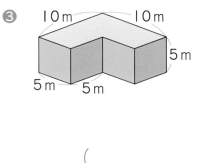

10 m　10 m　5 m　5 m　5 m

（　　　　　）　　　（　　　　　）　　　（　　　　　）

2 厚さ1cmの板で、右の図のような直方体の形をした箱をつくりました。この箱にはいる水の体積は何cm³ですか。 1つ6〔12点〕

式

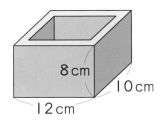

8 cm　10 cm　12 cm

答え（　　　　　）

3 □にあてはまる数をかきましょう。 1つ7〔42点〕

① 4 L =□cm³
② 120 mL =□cm³
③ 500 cm³ =□mL
④ 1.8 L =□cm³
⑤ 0.5 m³ =□L
⑥ 3000 L =□m³

4 内のりがたて4cm、横10cmの直方体の形をした入れものをつくり、水が1Lはいるようにします。深さは何cmにすればよいですか。 1つ7〔14点〕

式

答え（　　　　　）

5 内のりの1辺が60cmの立方体の形をした水そうがあります。この水そうに内のりがたて20cm、横20cm、深さ10cmの直方体の形をした容器で水を入れます。水そうをいっぱいにするには容器で何ばい分の水が必要ですか。 1つ7〔14点〕

式

答え（　　　　　）

チェック✓

□体積や容積を求められたかな？
□cm³、L、m³などの単位の関係がわかったかな？

ふろくの「計算練習ノート」2〜3ページをやろう！

ともなって変わる
2つの量の関係を調べよう　[その1]
基本のワーク

基本① 高さを変えると体積がどのように変わるかわかりますか。

☆ 右の図のように、たて3cm、横4cmの直方体の高さ
を1cm、2cm、3cm、…と変えていきます。

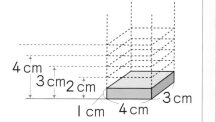

❶ 下の表にあてはまる数をかきましょう。

高さ□（cm）	1	2	3	4
体積△（cm³）				

❷ 高さ□cm が2倍、3倍、…になると、体積△cm³ はどのように変わっていきますか。

❸ 高さ□cm を2、3、…でわると、体積△cm³ はどのように変わっていきますか。

❹ 高さを□cm、体積を△cm³ として、□と△の関係を式に表しましょう。

とき方 ❶　高さが1cm → 3×4×1＝□ （cm³）
高さが2cm → 3×4×□＝□ （cm³）
高さが3cm → 3×□×□＝□ （cm³）
高さが4cm → 3×□×□＝□ （cm³）

さんこう
直方体の体積
＝たて×横×高さ

答え 問題の表にかく。

❷

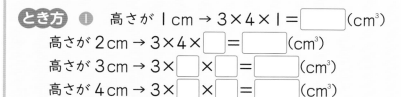

高さ□（cm）	1	2	3	4
体積△（cm³）	12	24	36	48

高さが2倍、3倍、…になると、それに対応する体積も□倍、□倍、…になります。

　2つの量□と△があって、□が2倍、3倍、…になると、それに対応する△も2倍、3倍、…になるとき、△は□に□するといいます。

答え □倍、□倍、…になる。

❸

高さ□（cm）	1	2	3	4
体積△（cm³）	12	24	36	48

高さを2、3、…でわると、それに対応する体積も□、□、…でわった数になります。

答え □、□、…でわった数になる。

❹ □に□をかけると△になります。
このことを式に表すと、□×□＝△となります。

答え □

さんすうはかせ 変わる数のことを「変数」、変わらない数を「定数」というよ。

1 右の図のように、たても横も 4cm の直方体の高さ を 1cm、2cm、3cm、4cm、…と変えていきます。

📖 教科書 33ページ**1**

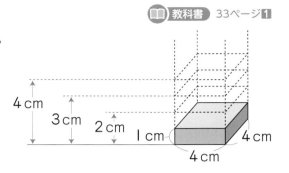

❶ 高さを□cm、体積を△cm³ として、下の表にあ てはまる数をかきましょう。

高さ□(cm)	1	2	3	4
体積△(cm³)	16			

❷ 高さ□cm が 2 倍、3 倍、…になると、体積△cm³ はどのように変わっていきますか。

(   )

❸ □と△の関係を式に表しましょう。

(   )

❹ 体積は高さに比例していますか。

(   )

2 2 つの量の関係について調べます。

📖 教科書 34ページ**1**

❶ 次の㋐から㋒の表にあてはまる数をかきましょう。

㋐ 10 個のおかしがあるとき、食べた数と残りの数

食べた数□(個)	1	2	3	4	5	6
残りの数△(個)						

㋑ 1m のねだんが 60 円のロープの長さと代金

長さ □(m)	1	2	3	4	5	6
代金 △(円)						

㋒ 正方形の 1 辺の長さとまわりの長さ

1辺の長さ□(cm)	1	2	3	4	5	6
まわりの長さ△(cm)						

❷ ❶の㋑で、長さが 2 倍、3 倍、…になると、代金はどのように変わっていきますか。

(   )

❸ ❶の㋒で、□と△の関係を式に表しましょう。

(   )

❹ ❶の㋐から㋒のうち、△が□に比例するものはどれですか。

(   )

ポイント 比例する□と△の関係を式に表すには、表から□にいくつをかけると△になるのか、きまり を見つけましょう。○×□＝△の形で表すことができます。

ともなって変わる2つの量の関係を調べよう [その2]
基本のワーク

基本 ①　変わり方を調べることができますか。

☆ 3L の水がはいった水そうに、水を入れます。

① 入れる水の量と水そうにはいっている水の量を調べて、右の表にまとめましょう。

入れる水の量（L）	8	9	10	11	12
水そうの水の量（L）	11				

② 入れる水の量が 1L ずつ増えると、水そうにはいっている水の量はどのように変わりますか。

③ 入れる水の量を□L、水そうにはいっている水の量を△L として、□と△の関係を式に表しましょう。

とき方 ① 9L 入れる→ 9+3=◻（L）、10L 入れる→ 10+3=◻（L）、
11L 入れる→ 11+◻=◻（L）、12L 入れる→ 12+◻=◻（L）

② 入れる水の量が 8L から 9L に増えると、水そうの水の量は ◻ L 増えます。
入れる水の量が 9L から 10L に増えても、水そうの水の量は ◻ L 増えます。

③ 水そうに入っている水の量は、入れる水の量より ◻ L 多くなっています。

たいせつ
表からきまりを見つけるには、表をたて方向に見たり、横方向に見たりします。

答え ① 問題の表にかく。
② ◻ L ずつ増える。
③ □+◻=△

① 重さが 2g の皿に、さとうを入れて、さとうの重さと皿全体の重さの関係を調べます。

📖教科書 36ページ❸

① 右の表にあてはまる数をかきましょう。

さとうの重さ（g）	1	2	3	4	5
全体の重さ（g）	3				

② さとうの重さが 1g ずつ増えると、全体の重さはどのように変化しますか。

（　　　　　　　　　　）

③ さとうの重さを□g、全体の重さを△g とすると、△は□よりいくつ大きくなりますか。

（　　　　　　　　　　）

④ □と△の関係を式に表しましょう。

（　　　　　　　　　　）

さんすうはかせ　同じ数ずつ増えたり減ったりしていく数のことを、等差数列というよ。

基本2 ともなって変わる２つの量の関係はどうなっていますか。

☆ 右の図のように、長さの等しいぼうを使って、正三角形をつくり横にならべていきます。正三角形の数とぼうの数にどのような関係があるか調べます。

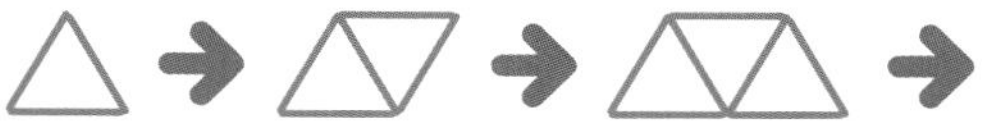

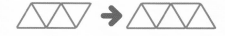

❶ 正三角形の数と使うぼうの数を調べて、右の表にまとめましょう。

正三角形の数(個)	1	2	3	4	5
ぼうの数(本)	3	5	7		

❷ 正三角形の数が１個増えると、ぼうの数はどのように変わりますか。

❸ 正三角形の数を□個、ぼうの数を△本として、□と△の関係を式に表しましょう。

とき方 ❶ 正三角形を１つずつ増やしていき、ぼうの数を数えます。

❷ 正三角形が１個から２個に増えると、ぼうの数は□本増えます。
正三角形が２個から３個に増えても、ぼうの数は□本増えます。

❸《1》 正三角形が１個のとき…3
２個のとき 3＋2
３個のとき…3＋2＋2 ← 2本ずつ増える回数は、正三角形の個数より１少ない。
⋮
□個のとき…3＋2＋2＋……＋2＝3＋2×(□－□)
2が(□－□)回増える

《2》 図をかいて、ぼうのならび方を調べます。

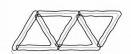

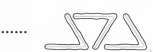

が□個
1＋2＋2＋……＋2＝1＋□×□
2が□個

答え ❶ 問題の表にかく。
❷ □本ずつ増える。
❸ 3＋2×(□－□)＝△
または
1＋□×□＝△

2 右のように、ご石を使って、正方形をつくり横にならべていきます。 教科書 37ページ4

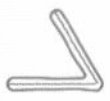

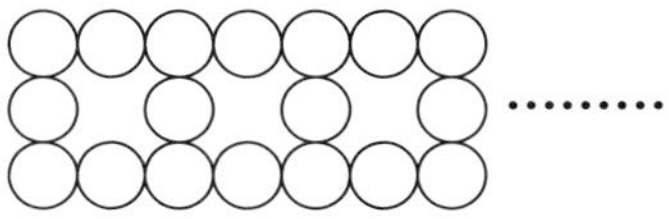

❶ 正方形の数とご石の数を、下の表にまとめましょう。

正方形の数(個)	1	2	3	4	5
ご石の数(個)	8				

❷ 正方形の数を□個、ご石の数を△個として、□と△の関係を式に表します。次の□にあてはまる数をかきましょう。

㋐ 8＋□×(□－□)＝△　㋑ 3＋□×□＝△

ポイント 表の数字からきまりを見つけ、式をつくれるようにしましょう。数字が大きくなっても、式にあてはめて計算できます。

練習のワーク

教科書 32〜38ページ　答え 3ページ

1 比例 横3cm の長方形のたての長さを1cm ずつ変えていったときの、たての長さと面積の関係を調べましょう。

① 下の表にあてはまる数をかきましょう。

たての長さ(cm)	1	2	3	4	5
面積(cm²)					

② たての長さが2倍、3倍、…になると、面積はどのように変わっていきますか。

（　　　　　　　　　）

③ たての長さを□cm、面積を△cm² として、□と△の関係を式に表しましょう。

（　　　　　　　　　）

④ 面積はたての長さに比例していますか。

（　　　　　　　　　）

2 変わり方 ご石で右のように正三角形をつくり、横にならべていきます。正三角形とご石の数の関係を調べましょう。

① 下の表にあてはまる数をかきましょう。

正三角形の数(個)	1	2	3	4	5
ご石の数(個)	9				

② 正三角形の数を□個、ご石の数を△個として、□と△の関係を式に表します。次の□にあてはまる数をかきましょう。
　⑦　9＋□×(□−□)＝△
　④　4＋□×□＝△

③ 正三角形を20個つくるとき、ご石は何個必要ですか。
　式

答え（　　　　　　　　）

てびき

1 比例
① 長方形の面積
　＝たて×横

③ 面積△cm² はたての長さ□cm の3倍になっています。

たいせつ
2つの量□と△があって、□が2倍、3倍、…になると、それに対応する△も2倍、3倍、…になるとき、△は□に比例するといいます。

2 変わり方
2⑦　正三角形が1個
ご石は9個
正三角形が2個
ご石は9＋5(個)
正三角形が3個
ご石は9＋5＋5(個)
④　正三角形が1個
ご石は4＋5(個)
正三角形が2個
ご石は4＋5＋5(個)
正三角形が3個
ご石は4＋5＋5＋5(個)
③ ②で求めた式の□に正三角形の数の20をあてはめて計算します。

できるナビ　□と△の関係を式に表すには、表を横に見たり、たてに見たりして、2つの数量がどのような関係になっているか考えよう。

時間 20分

得点

/100点

1 よく出る たて 5cm、横 3cm の直方体の高さを 1cm、2cm、3cm、…と変えたときの、高さと体積の関係を調べます。
1つ10〔40点〕

❶ 下の表にあてはまる数をかきましょう。

高さ(cm)	1	2	3	4	5
体積(cm³)					

❷ 高さが 2 倍、3 倍、…になると、体積はどのように変わっていきますか。

（　　　　　　　　　　）

❸ 高さを□cm、体積を△cm³ として、□と△の関係を式に表しましょう。

（　　　　　　　　　　）

❹ 体積は高さに比例していますか。

（　　　　　　　　　　）

2 2 つの量の関係について調べます。
1つ10〔20点〕

❶ 次の⑦から⑦で、△が□に比例するものはどれですか。

⑦　たての長さが 6cm の長方形の横の長さ□cm と面積△cm²

⑦　1000 円出したときの代金□円とおつり△円

⑦　子どもたちが、36 個のガムを同じ数ずつわけるとき、わける人数□人と 1 人あたりの
ガムの数△個

⑦　面積が 48cm² の長方形のたての長さ□cm と横の長さ△cm

⑦　1 本 3g のくぎの本数□本と全体の重さ△g

（　　　　　　　　　　）

❷　❶の⑦で、□と△の関係を式に表しましょう。

（　　　　　　　　　　）

3 何もつけていないときの長さが 6cm のばねに、おもりをつるします。おもりの数とばね全体の長さの関係を調べます。
1つ10〔40点〕

❶ 右の表にあてはまる数をかきましょう。

おもりの数(個)	1	2	3	4	5
ばね全体の長さ(cm)	9	12	15		

❷ おもりの数を□個、ばね全体の
長さを△cm として、□と△の関係を式にあらわしましょう。

（　　　　　　　　　　）

❸ おもりが 20 個のとき、ばね全体の長さは何 cm ですか。

式

答え（　　　　　　　　　　）

□比例の関係を見つけることができたかな？
□2 つの量の関係を式に表すことができたかな？

④ 小数をかける計算のしかたを考えよう　小数のかけ算

① 小数をかける計算
② 小数のかけ算 [その1]

基本のワーク

学習の目標・
整数×小数、小数×小数の計算のしかたを身につけよう。

基本 ① 整数に小数をかける計算のしかたがわかりますか。

☆ 1mのねだんが60円のロープを、3.4m買います。代金は何円ですか。

とき方 《1》 3.4m…0.1mが ☐ 個
　　0.1mの代金…60÷10
　　3.4mの代金…(60÷10)×34＝ ☐
　《2》 3.4mの代金…60×3.4＝ ☐
　　　　　　10倍する↓　↑10でわる
　　34mの代金…60×34＝ ☐

代金 0 60÷10　60　120　180 ☐ (円)
長さ 0 0.1　1　2　3 3.4 (m)

代金 0 60 ☐　60×34 (円)
長さ 0 1　3.4　34 (m)

答え ☐ 円

---

① ☐にあてはまる数をかきましょう。　　📖教科書 41ページ■

①　39×4.3＝39×43÷☐＝☐　　②　48×7.4＝48×74÷☐＝☐

② 1mの重さが90gのロープがあります。このロープ2.3mの重さは何gですか。
📖教科書 41ページ■
式

答え（　　　　　　　）

基本 ② かける数と積の大きさの関係や、整数×小数の計算のしかたがわかりますか。

☆ 1mのねだんが70円のロープを、0.4m買います。代金は何円ですか。

とき方 《1》 0.4m…0.1mが ☐ 個
　　0.1mの代金…70÷☐
　　0.4mの代金…70÷☐×4＝☐
　《2》 0.4mの代金…70×0.4＝☐
　　　☐ 倍する↓　↑☐ でわる
　　4mの代金…70× 4 ＝☐

答え ☐ 円

代金 0 ☐ 70(円)
長さ 0 0.4 1 (m)

🐟 **たいせつ**
小数のかけ算では、1より小さい数をかけると、積はかけられる数より小さくなります。

---

③ 1mの重さが30gのひもがあります。このひも0.6mの重さは何gですか。
📖教科書 44ページ■
式

答え（　　　　　　　）

さんすうはかせ　小数の歴史は、中国やインドのほうがヨーロッパよりも古いんだって。

4 次のかけ算をしましょう。　　　　　　　　　　　　　　　　教科書 44ページ 1

① 40×0.9　　　　　② 60×0.8　　　　　③ 90×0.7

基本 3　小数をかける筆算のしかたがわかりますか。

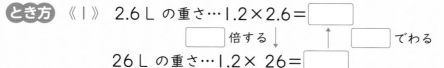
☆ 1 L の重さが 1.2kg のジュースがあります。このジュース 2.6 L の重さは何kg ですか。

とき方　《1》 2.6 L の重さ…1.2×2.6＝□

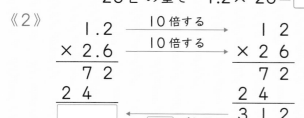 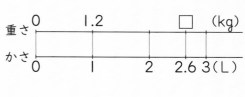

26 L の重さ…1.2× 26＝□

答え □ kg

5 積の見当をつけてから計算しましょう。　　　　　　　　　教科書 46ページ 1

① 　2.5　　　② 　7.9　　　③ 　3.8　　　④ 　7.6
　×3.7　　　　　×2.5　　　　　×0.9　　　　　×0.8

6 33×27＝891 をもとにして、次の積を求めましょう。　教科書 46ページ 2

① 3.3×27　　　② 33×2.7　　　③ 3.3×2.7

基本 4　小数をかける筆算のしかたがわかりますか。

☆ 1.63×2.4 の計算をしましょう。

とき方　小数部分のけた数

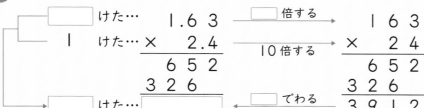

🐟 **たいせつ**
①小数点がないものとして計算する。
②積の小数点は、かけられる数とかける数の小数部分のけた数の和だけ右から数えてうつ。

答え □

7 計算しましょう。　　　　　　　　　　　　　　　　　　　教科書 46ページ 2

① 　1.63　　　② 　0.37　　　③ 　8.7　　　④ 　6.5
　× 1.7　　　　　× 3.9　　　　×2.34　　　　×0.65

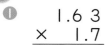
10 倍した数を 10 でわると、もとの数にもどります。これを利用して、小数のかけ算をしましょう。

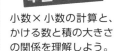

② **小数のかけ算** [その2]

学習の目標・
小数×小数の計算と、かける数と積の大きさの関係を理解しよう。

基本のワーク

教科書 47〜48、282ページ　答え 4ページ

基本❶ 小数をかける筆算のしかたがわかりますか。

☆ 次のかけ算をしましょう。
① 2.4×1.5　　　② 5.6×2.5

とき方 筆算では、小数点がないものとして計算し、かけられる数とかける数の小数部分のけた数の和が積の小数部分のけた数になります。

①
```
    2.4
  × 1.5
  ┌─┬─┐
  └─┴─┘
┌─┬─┬─┐
└─┴─┴─┘
┌─┬─┬─┐
└─┴─┴─┘
```
答え _____

②
```
    5.6
  × 2.5
  ┌─┬─┐
  └─┴─┘
┌─┬─┬─┐
└─┴─┴─┘
┌─┬─┬─┐
└─┴─┴─┘
```
答え _____

ちゅうい
小数点以下のいちばん右の0は消しましょう。

---

1 次のかけ算をしましょう。　　📖教科書 47ページ 3

① 6.5×4.2　　　② 0.68×3.5　　　③ 14×0.35

④ 2.5×7.2　　　⑤ 16.5×4.4　　　⑥ 40×0.25

基本❷ 積の一の位が 0 になる、小数のかけ算のしかたがわかりますか。

☆ 次のかけ算をしましょう。
① 2.6×0.32　　　② 0.34×0.22

とき方 筆算では、小数点がないものとして計算し、かけられる数とかける数の小数部分のけた数の和が積の小数部分のけた数になります。

①
```
    2.6
  × 0.32
  ┌─┬─┐
  └─┴─┘
┌─┬─┬─┐
└─┴─┴─┘
```
答え _____

②
```
   0.34
  × 0.22
    ┌─┬─┐
    └─┴─┘
  ┌─┬─┐
  └─┴─┘
```
答え _____

ちゅうい
積の小数部分のけた数が❶は3けた、❷は4けたなので、0をつけたします。

---

2 次のかけ算をしましょう。　　📖教科書 47ページ 3

① 6.2×0.13　　　② 0.24×3.6　　　③ 0.6×0.42

④ 0.34×0.26　　　⑤ 0.63×0.11　　　⑥ 0.12×0.35

さんすうはかせ 現在使われている小数は、16〜17世紀ごろ、ジョン・ネイピアやシモン・ステヴィンといった人たちが完成したといわれているよ。

小数のかけ算で、かける数と積の大きさの関係がわかりますか。

☆ 下の⑦から⑨を、積の大きい順にならべましょう。
⑦ 2.5×0.2　　　　⑦ 2.5×1　　　　⑨ 2.5×2

とき方 かける数＞1のとき　　積 [　　] かけられる数
　　かける数＝1のとき　　積 [　　] かけられる数
　　かける数＜1のとき　　積 [　　] かけられる数　　**答え** [　　　　]

❸ 計算をしないで、積がかけられる数より小さくなるものを選びましょう。

📖教科書 48ページ 7

あ　5×3.6　　　　　　い　0.23×2.8　　　　　　う　7.2×0.4

え　0.6×0.3　　　　　お　14.9×2.5　　　　　か　0.83×0.62

（　　　　　　　　　　）

小数をかける筆算のしかたがわかりますか。

☆ 0.648×3.3 の計算をしましょう。

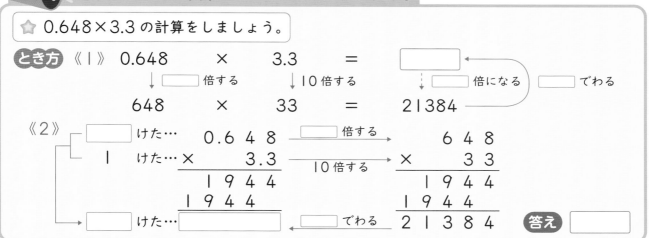

とき方《1》 0.648　　　×　　　3.3　　　＝　　[　　　]　◄┐
　　　　↓[　　]倍する　↓10倍する　↓[　　]倍になる　[　　]でわる
　　　　648　　　×　　　33　　　＝　　21384

《2》 [　　] けた…　　0.6 4 8 　[　　]倍する　　6 4 8
　　1 けた…× 　　　3.3 ──────→ × 　　3 3
　　　　　　　　　1 9 4 4 　10倍する　　1 9 4 4
　　　　　　　　1 9 4 4 　　　　　　1 9 4 4
　　[　　] けた… [　　　]　◄──[　　]でわる── 2 1 3 8 4　　**答え** [　　]

❹ 次のかけ算をしましょう。

📖教科書 282ページ

❶　　　0.5 3 9　　❷　　　0.4 3 8　　❸　　　2 5.5　　❹　　　4 3.8
　　×　　　2.3　　　　×　　　0.6　　　× 0.3 3 8　　　× 0.5 5 6

❺ 355×28＝9940 をもとにして、次の積を求めましょう。

📖教科書 282ページ

❶　35.5×2.8　　　　❷　355×0.028　　　　❸　3.55×2.8

小数部分のけた数は、
それぞれ何けたかな。

③ **小数のかけ算を使う問題**

基本のワーク

学習の目標・
小数のときも、いろいろなかけ算のきまりを使えるようにしよう。

基本 ① 辺の長さが小数のときの面積や体積が求められますか。

☆ 次の問題に答えましょう。
　❶ 右の長方形の面積は何cm²ですか。
　❷ 右の直方体の体積は何cm³ですか。

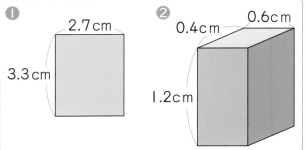

とき方 辺の長さが小数で表されているときも、面積や体積は公式を使って求めることができます。

❶　長方形の面積は、たて×横で求められます。

　　$3.3 \times 2.7 =$ ☐ （cm²）　**答え** ☐ cm²

❷　直方体の体積は、たて×横×高さで求められます。

　　$0.4 \times 0.6 \times 1.2 =$ ☐ （cm³）

　　　　　　　　　　　　　　答え ☐ cm³

たいせつ
面積や体積は、辺の長さが小数で表されているときも、公式を使って求められます。

さんこう
正方形の面積＝1辺×1辺
立方体の体積＝1辺×1辺×1辺

① 次の図形の面積を求めましょう。
　　　　　　　　　　　　　　　　　　📖 教科書 49ページ**1**

❶
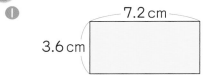

❷
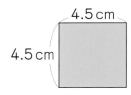

式

答え（　　　　　　）

式

答え（　　　　　　）

② 次の立体の体積を求めましょう。
　　　　　　　　　　　　　　　　　　📖 教科書 49ページ**1**

❶
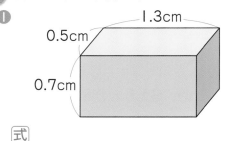

❷
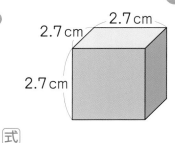

式

答え（　　　　　　）

式

答え（　　　　　　）

 漢数字には小数の位があって、分$\left(\frac{1}{10}\right)$、厘$\left(\frac{1}{100}\right)$、毛$\left(\frac{1}{1000}\right)$、…となっているよ。

基本 ② かけ算のきまりは、小数のときにもなり立ちますか。

☆ 右の⑦と④の長方形の面積は何 cm² ですか。

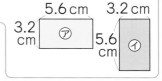

とき方 ⑦ 3.2×5.6 = ☐　④ 5.6×3.2 = ☐

小数のかけ算でも、かけられる数とかける数を入れかえて計算しても、積は等しくなります。

🐟 **たいせつ**

整数のときになり立ったかけ算のきまりは、小数のときにもなり立ちます。
☐×○＝○×☐　　（☐×○）×△＝☐×（○×△）

答え ⑦ ☐ cm²
　　　④ ☐ cm²

③ ☐にあてはまる数をかきましょう。　📖 教科書 50ページ 1

① 3.7×2.5＝2.5×☐　　　② 9.6×2.8＝☐×9.6

④ くふうして、計算しましょう。　📖 教科書 50ページ 2

① 7.2×2×5　　　② 2.5×7×4

2×5=10
2.5×4=10
を利用しよう。

基本 ③ かけ算のきまりがわかりますか。

☆ 右の図の長方形の面積は何 cm² ですか。

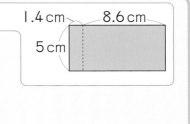

とき方 《1》 5×(1.4＋8.6)＝5×☐＝☐

《2》 5×☐＋5×8.6＝☐＋43＝☐

🐟 **たいせつ**

小数を使うときも、（ ）を使った計算のきまりはなり立ちます。
（☐＋○）×△＝☐×△＋○×△　　（☐－○）×△＝☐×△－○×△

答え ☐ cm²

⑤ くふうして、計算しましょう。　📖 教科書 50ページ 2

① 2.3×4.2＋2.3×5.8　　　② 1.5×7.2－1.5×2.2

③ 0.4×7.7＋0.4×2.3　　　④ 0.7×6.2－0.7×1.2

ポイント いろいろな計算のきまりは、複雑な計算をかんたんにするために、よく使います。しっかり覚えておきましょう。

勉強した日　月　日

練習のワーク

教科書 40〜52、282ページ　答え 5 ページ

できた数

／19問中

1 小数のかけ算　次の計算をしましょう。

① 　　5.7
　　× 6.9

② 　　2.8
　 × 0.3 9

③ 　0.3 7
　×　　7.2

④ 　0.5 6
　×　　4.5

⑤ 　0.6 5
　×　　5.2

⑥ 　0.4 2
　× 0.2 9

⑦ 　　4 0
　× 0.8

⑧ 　　5 0
　× 0.2 8

⑨ 　8 0 0
　× 0.2 5

2 積の大きさ　□にあてはまる不等号をかきましょう。

① 4×1.2□4

② 5×0.9□5

③ 0.43×1.01□0.43

④ 0.92×0.98□0.92

3 計算のきまり　くふうして、計算しましょう。

① 2.5×3.7×4

② 20×3.9×0.5

③ 4.2×7.1＋4.2×2.9

④ 1.5×7.3－1.5×3.3

4 代金の問題　1kg のねだんが 800 円のりんごを 0.6kg 買います。
代金は何円ですか。
式

答え（　　　　　　　　）

5 面積の問題　たて 3.2 cm、横 5.5 cm の長方形の面積を求めましょう。
式

答え（　　　　　　　　）

てびき

1 小数のかけ算
筆算で計算するときは、小数点がないものとして計算し、小数点は、かけられる数とかける数の小数点の右にあるけたの数の和だけ、右から数えてうちます。

2 積の大きさ
かける数が 1 よりも大きいか小さいかで、積とかけられる数の大きさの関係がきまります。

3 計算のきまり

たいせつ

□×○＝○×□
(□×○)×△
＝□×(○×△)
(□＋○)×△
＝□×△＋○×△
(□－○)×△
＝□×△－○×△

4 代金の問題
代金＝1kg のねだん ×重さ

5 面積の問題
長方形の面積＝
たて×横

できるナビ　小数のかけ算のしかた　整数と同じように計算する。→小数点の位置をきめる。〈注意〉小数点以下のいちばん右の位の 0 を消したり、0 をつけたしたりする。

まとめのテスト

教科書 40〜52、282ページ 　答え 5ページ

1 よく出る 次の計算をしましょう。　　　　　　　　　　　1つ4〔48点〕

① 　0.4 9
　× 　7.8

② 　　5.6
　×0.8 2

③ 　　4.2
　×0.7 3

④ 　0.7 5
　× 　2.8

⑤ 70×0.4

⑥ 500×0.07

⑦ 3.2×57

⑧ 0.75×2.3

⑨ 0.42×7.1

⑩ 4.2×3.5

⑪ 70×0.68

⑫ 0.78×0.35

2 次の図形の面積を求めましょう。　　　　　　　　　　1つ6〔12点〕

①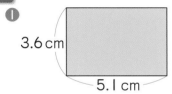
3.6 cm 　5.1 cm 　（　　　　　　）

② 1.5 cm 　1.5 cm 　（　　　　　　）

3 くふうして、計算しましょう。　　　　　　　　　　　1つ4〔16点〕

① 6.8×8×2.5

② 25×4.8×4

③ 5.7×3.5＋4.3×3.5

④ 7.2×1.1

4 1mの重さが40gのロープがあります。このロープ1.8mの重さは何gですか。
式　　　　　　　　　　　　　　　　　　　　　　　　　1つ6〔12点〕

　　　　　　　　　　　　　　　　　　　　　答え（　　　　　　）

5 1mの重さが1.15kgの鉄のぼうがあります。このぼう7.8mの重さは何kgですか。
式　　　　　　　　　　　　　　　　　　　　　　　　　1つ6〔12点〕

　　　　　　　　　　　　　　　　　　　　　答え（　　　　　）

ふろくの「計算練習ノート」4〜6ページをやろう！

□ 小数のかけ算ができたかな？
□ 小数にも計算のきまりを使えたかな？

学習の目標・・
整数÷小数、小数÷小数の計算のしかたを身につけよう。

① 小数でわる計算
② 小数のわり算 ［その1］

基本のワーク

教科書　54〜61ページ　　答え　6ページ

基本 ①　整数を小数でわる計算の意味がわかりますか。

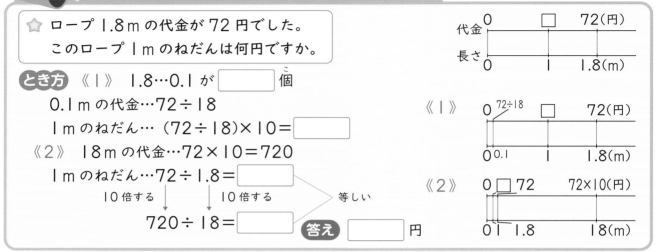

☆ ロープ 1.8m の代金が 72 円でした。
　このロープ 1m のねだんは何円ですか。

とき方　《1》　1.8…0.1 が ___ 個
　0.1m の代金…72÷18
　1m のねだん…（72÷18）×10＝ ___
　《2》　18m の代金…72×10＝720
　　1m のねだん…72÷1.8＝ ___
　　　10倍する↓　　↓10倍する　　　等しい
　　　720÷18＝ ___　　　**答え** ___ 円

代金　0　　□　　72（円）
長さ　0　　1　　1.8（m）

《1》　0 ⎰72÷18　□　72（円）
　　　0 ⎱0.1　1　1.8（m）

《2》　0 □ 72　72×10（円）
　　　0 1 1.8　18（m）

① □にあてはまる数をかきましょう。　　📖教科書 55ページ①

　❶　80÷1.6＝（80× ___ ）÷（1.6×10）　　❷　15÷2.5＝ ___ ÷25

② 2.5L のジュースの代金は 450 円でした。このジュース 1L のねだんは何円ですか。
　式　　　　　　　　　　　　　　　　　　　　　　📖教科書 55ページ①

　　　　　　　　　　　　　　　　　　答え（　　　　　　　　　　　）

基本 ②　整数÷小数の計算のしかたがわかりますか。

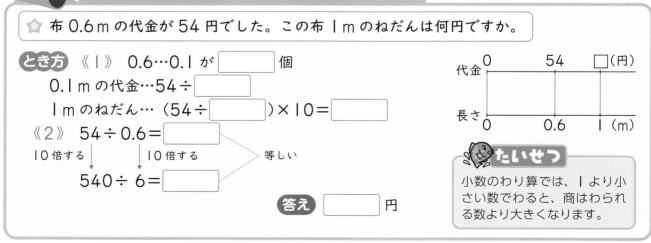

☆ 布 0.6m の代金が 54 円でした。この布 1m のねだんは何円ですか。

とき方　《1》　0.6…0.1 が ___ 個
　0.1m の代金…54÷ ___
　1m のねだん…（54÷ ___ ）×10＝ ___
　《2》　54÷0.6＝ ___
　　10倍する↓　　↓10倍する　　　等しい
　　540÷6＝ ___
　　　　　答え ___ 円

代金　0　　54　　□（円）
長さ　0　　0.6　　1（m）

🐟**たいせつ**
小数のわり算では、1 より小さい数でわると、商はわられる数より大きくなります。

③ 次のわり算をしましょう。　　📖教科書 58ページ①

　❶　49÷0.7　　❷　36÷0.8　　❸　52÷0.2　　❹　15÷0.5

 日本やアメリカでは小数点として「.」が使われているけれど「,」が使われている国も多いんだって。

基本3 小数でわる筆算のしかたがわかりますか。

☆ 2.6 m の重さが 4.42 kg の鉄のぼうがあります。このぼう 1 m の重さは何 kg ですか。

とき方 《1》 4.42÷2.6＝□

10 倍する　10 倍する　等しい

44.2÷26＝□

《2》

2.6）4.4 2　⇒　2.6）4.4 2

10 倍　10 倍

わる数を 10 倍し、整数にする。
わられる数も 10 倍する。

□.□
2.6）4.4.2
2 6
1 8 2
□□□
□

商の小数点は、わられる数の移した小数点にそろえてうつ。

答え □ kg

4 次のわり算をしましょう。　教科書 60ページ 1

❶ 2.5）4.2 5

❷ 0.9）5.2 2

❸ 2.6）8 3.2

基本4 わる数が $\frac{1}{100}$ の位までの小数でわる筆算のしかたがわかりますか。

☆ 0.912÷0.24 の計算をしましょう。

とき方

0.2 4）0.9 1 2　⇒

100 倍　100 倍

わる数を 100 倍し、整数にする。
わられる数も 100 倍する。

3.8
0.2 4）0.9 1.2
7 2
□□□
□□□
0

商の小数点は、わられる数の移した小数点にそろえてうつ。

答え □

たいせつ

1 わる数が整数になるように、わる数とわられる数の小数点を、同じけた数だけ右に移して計算します。
2 商の小数点は、わられる数の移した小数点にそろえてうちます。

5 次のわり算をしましょう。　教科書 61ページ 2

❶ 0.2 3）0.4 8 3

❷ 0.3 7）2.9 6

❸ 0.2 4）8 8.8

ポイント わり算の場合、わる数とわられる数の両方に同じ数をかけてから計算しても、商は同じになります。

勉強した日 月 日

学習の目標・
小数のわり算の筆算の
しかたと、商の大きさ
を理解しよう。

② **小数のわり算** [その2]

基本のワーク

教科書 62〜63ページ　答え 6ページ

基本 ① わり進むとき、どうしたらよいかわかりますか。

☆ 2.21÷0.34 をわりきれるまで計算しましょう。

221.0 と考える

とき方

0.34）2.21
100倍する　100倍する

→ 34）221
　　　 204
　　　　17

→ 34）221.0
　　　 204
　　　　170
　　0をおろす

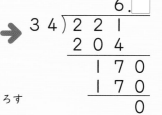

→ 34）221
　　 204
　　　170
　　　170
　　　　0

ヒント
わる数が整数になるように
小数点を移そう。

答え _____

---

① わりきれるまで計算しましょう。　　　　　　　📖教科書 62ページ 3

❶ 11.7÷0.45

❷ 68÷0.16

❸ 7.11÷0.18

❹ 5.7÷0.75

わられる数に0を
つけたしてわり進
めます。

基本 ② わる数がわられる数より大きい小数のわり算ができますか。

☆ 3.6÷4.5 をわりきれるまで計算しましょう。

36 は 45 より小さいので
0をたてる

とき方

4.5）3.6
10倍する　10倍する

→ 45）36

→ 0.
　45）36.0
　　　360
　　　　0

答え _____

 さんすうはかせ　かけ算に九九があるように、わり算にも九九があるよ。むかしは、そろばんで計算すると
きなどに使われていたんだって。

2 わりきれるまで計算しましょう。　教科書 62ページ4

① 0.9÷2.5

② 0.45÷0.9

③ 2.05÷8.2

④ 0.156÷0.24

基本 3 わる数と商の大きさの関係がわかりますか。

☆ 次のわり算で、わられる数より商が大きくなるのはどれですか。

㋐ 6.3÷0.2　　　　　㋑ 6.3÷1.2　　　　　㋒ 6.3÷3

とき方　㋐ 6.3÷0.2＝□

㋑ 6.3÷1.2＝□

㋒ 6.3÷3＝□

たいせつ

◎わる数＞1のとき、商＜わられる数
◎わる数＝1のとき、商＝わられる数
◎わる数＜1のとき、商＞わられる数

答え　□

3 計算をしないで、商が 2.4 より大きくなるものを選びましょう。　教科書 63ページ5

㋐ 2.4÷0.6　　　　　㋑ 2.4÷1.8　　　　　㋒ 2.4÷2

（　　　　　　　　）

4 計算をしないで、商がわられる数より大きくなるものを選びましょう。

教科書 63ページ6

㋐ 1.47÷0.42　　　　㋑ 2.25÷0.5　　　　㋒ 0.68÷3.4

（　　　　　　　　）

5 計算をしないで、□にあてはまる不等号をかきましょう。　教科書 63ページ7

① 6÷0.7 □ 6

② 5÷1.2 □ 5

ポイント　わる数が整数になるように小数点を移して、商の小数点はわられる数の移した小数点にそろえてうちます。

勉強した日　　月　　日

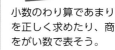
学習の目標・
小数のわり算であまり
を正しく求めたり、商
をがい数で表そう。

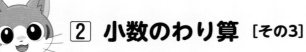

② **小数のわり算** [その3]

基本のワーク

教科書 64〜65ページ　　答え 6ページ

基本 **1** あまりのある小数のわり算ができますか。

☆ 長さ 22.1m のひもから、1.8m のひもを切り取っていくと、何本取れて何m あまりますか。

とき方

$1.8\overline{)22.1}$
10倍する　10倍する　➡

```
  1,8)2 2,1
      1 8
      4 1
      3 6
       □:5
```
わられる数のもとの小数点と同じ位置

たいせつ
小数でわる計算では、あまりの小数点は、わられる数のもとの小数点と同じ位置になります。

わられる数 ＝ わる数 × 商 ＋ あまりに
あてはめて、答えを確かめると、

□ ＝1.8×□ ＋□

答え _____

---

1 商は整数だけにして、あまりも求めましょう。また、答えを確かめましょう。

📖 教科書 64ページ **8**

① $0.7\overline{)3.6}$

② $2.3\overline{)8.5}$

③ $4.7\overline{)17.6}$

（　　　　　）（　　　　　）（　　　　　）

④ $2.5\overline{)43}$

⑤ $3.7\overline{)34}$

⑥ $0.36\overline{)4.25}$

（　　　　　）（　　　　　）（　　　　　）

さんすうはかせ　わり算のときに使う「÷」という記号は、今では世界中で使われているけれど、350年ほど前にスイスの数学者ラーンが発明したといわれているよ。

☆ 2.1mの重さが5.8kgの鉄のぼうがあります。このぼう1mの重さは何kgですか。
商は四捨五入して、上から2けたのがい数で表しましょう。

とき方

```
          □
        2.7 6
  2,1 )5,8
      4 2
      1 6 0
      1 4 7
        1 3 0
        1 2 6
            4
```

上から2けたのがい数で表すには、上から3けためを四捨五入すればいいね。

答え 約 □ kg

2 商は四捨五入して、上から2けたのがい数で表しましょう。　📖 **教科書** 65ページ 9

① 7.4÷2.9　　　② 6.95÷3.7　　　③ 7.3÷0.7

④ 2.5÷3.7　　　⑤ 3.56÷7.4　　　⑥ 0.5÷0.9

☆ 面積が約8.4m²の長方形の形をしたすな場をつくります。横の長さを2.6mにするには、たての長さを何mにすればよいですか。商を四捨五入して、$\frac{1}{10}$の位までのがい数で求めましょう。

2.6m

□m

とき方 たての長さを□mとすると、

□×2.6=8.4

□=8.4÷ □ 　　商を四捨五入して、 □

答え 約 □ m

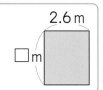

ヒント

$\frac{1}{10}$の位まで求めるには、$\frac{1}{100}$の位を四捨五入します。

3 面積が12.05m²で、たての長さが3.5mの長方形のプールがあります。横の長さは、何mですか。商を四捨五入して、$\frac{1}{10}$の位までのがい数で求めましょう。　📖 **教科書** 65ページ 10

式

答え（　　　　　　　　　）

ポイント あまりのあるわり算の計算では、あまりの小数点の位置に注意しましょう。

ecognize

練習のワーク❶

できた数

/11問中

1 小数でわる計算　次のわり算をしましょう。

①　0.6)7.2

②　1.6 2)4.8 6

2 わりきれるまでする計算　わりきれるまで計算しましょう。

①　3.4)2 2.1

②　0.1 6)8.4

3 あまりのある計算　商は整数だけにして、あまりも求めましょう。

①　14.7÷3.2

②　7.4÷0.4

4 商を四捨五入する計算　商は四捨五入して、上から 2 けたのがい数で表しましょう。

①　7.8÷3.5

②　0.8÷0.3

③　1.62÷1.7

④　1.7÷6.9

5 小数÷小数の文章題　1.5 L のジュースがあります。1 人に 0.35 L ずつ配ると、何人に配れて何 L あまりますか。

式

答え（　　　　　　　　　　　）

てびき

1 小数でわるわり算

たいせつ

小数÷小数の計算です。わる数が整数になるように、わる数とわられる数の小数点を、同じけた数だけ右に移します。

2 わりきれるまでする計算

0 をつけたして計算します。

3 あまりのある計算

ちゅうい

あまりの小数点の位置に注意しましょう。

4 商を四捨五入する計算

上から 2 けたというとき、0.952 などの最初の 0 はふくまれません。

5 小数÷小数の文章題

人数を求めるので、商は整数で求めます。

できるナビ　商の小数点は、わられる数の移した小数点にそろえてうちます。
あまりの小数点は、わられる数のもとの小数点にそろえてうちます。

練習のワーク❷

できた数

/11問中

1 小数でわるわり算　次のわり算をしましょう。

① 2.8⟌84

② 5.2⟌19.24

2 わりきれるまでする計算　わりきれるまで計算しましょう。

① 0.45⟌0.36

② 0.76⟌0.494

3 わる数と商の大きさ　□にあてはまる不等号をかきましょう。

① 3.9÷0.74 □ 3.9

② 12.6÷1.2 □ 12.6

4 あまりのある計算　商は整数だけにして、あまりも求めましょう。

① 8.8÷6.5

② 48÷3.7

5 商を四捨五入する計算　商は四捨五入して、上から2けたのがい数で表しましょう。

① 3.5÷4.2

② 2.18÷6.1

6 小数÷小数の文章題　面積が約 64.8 m² の長方形の形をした花だんをつくります。たての長さを 6.8 m にすると、横の長さを何mにすればよいですか。商を四捨五入して、$\frac{1}{10}$ の位までのがい数で求めましょう。

式

答え（　　　　　　　　　）

てびき

1 小数でわるわり算
わる数が整数になるように、わる数とわられる数の小数点を、同じけた数だけ右に移します。このとき、答えの小数点の位置に注意しましょう。

2 わりきれるまでする計算
0 をつけたして計算します。

3 わる数と商の大きさ
わる数が 1 より大きいか小さいか調べましょう。

4 あまりのある計算
あまりの小数点は、わられる数のもとの小数点と同じ位置になります。

5 商を四捨五入する計算

ちゅうい
上から 2 けたというとき、0.833 などの最初の 0 はふくまれません。

6 小数÷小数の文章題
たて×横＝長方形の面積です。

　商を四捨五入して、上から 2 けたのがい数で表すには、上から 3 けためまで商を求め、3 けためを四捨五入しましょう。

⑤ 小数でわる計算のしかたを考えよう　小数のわり算

まとめのテスト

時間 20分

得点　/100点

教科書 54〜67ページ　答え 7ページ

1 よく出る　わりきれるまで計算しましょう。　1つ5〔40点〕

❶ 1.8)21.6　❷ 1.6)10.4　❸ 0.96)4.32　❹ 0.07)2.1

❺ 0.16)6.8　❻ 0.6)0.54　❼ 2.5)0.3　❽ 0.26)0.169

2 商は整数だけにして、あまりも求めましょう。　1つ6〔24点〕

❶ 0.6)2.2　❷ 7.3)9.8　❸ 0.62)1.97　❹ 0.9)32

3 ロープ2.8mの代金が98円でした。このロープ1mのねだんは何円ですか。　1つ6〔12点〕

式

答え（　　　）

4 布が21.6mあり、3.2mの布からカバンを1個(こ)作れます。カバンが何個できて、布が何mあまりますか。　1つ6〔12点〕

式

答え（　　　）

5 横の長さが7.4cm、面積が50cm²の長方形があります。この長方形のたての長さは何cmですか。四捨五入(ししゃごにゅう)して、$\frac{1}{10}$の位までのがい数で求めましょう。　1つ6〔12点〕

式

答え（　　　）

ふろくの「計算練習ノート」7〜10ページをやろう！

チェック
□小数でわる計算ができたかな？
□四捨五入が正しくできたかな？

☆どんな計算になるか考えよう

学びのワーク

基本 ① どんな計算をすればよいかわかりますか。

☆ 次の問題に答えましょう。
❶ 3.5mの重さが4.9kgのパイプがあります。このパイプ1mの重さは何kgですか。
❷ 1m²の畑から3.5kgのたまねぎがとれました。4.2m²の畑からは、何kgのたまねぎがとれますか。

とき方

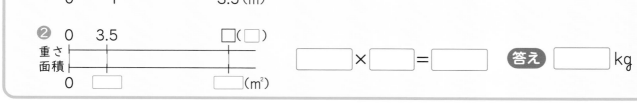

❶ 0 □ □(□)
重さ
長さ ├─────┼───────┤
0 1 3.5(m)

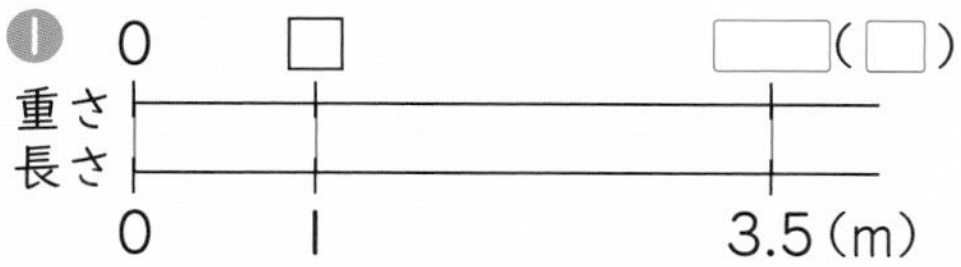

□ ÷ □ = □ 　答え □ kg

❷ 0 3.5 □(□)
重さ
面積 ├──────┼───────┤
0 □ □(m²)

□ × □ = □ 　答え □ kg

---

① 次の❶から❹の問題を、どんな計算になるか考えてときましょう。　📖教科書 68ページ

❶ 1kg280円のじゃがいもを2.5kg買いました。代金は何円ですか。
式

答え（ 　　　　　　　）

❷ 肉屋さんでハムを買いました。1.7kgで2550円でした。このハム1kgは、何円ですか。
式

答え（ 　　　　　　　）

❸ 3.9kgのバターを0.4kgずつパックにいれます。何パックできて、何kgあまりますか。
式

答え（ 　　　　　　　）

❹ 1Lのペンキで4.3m²の板をぬることができます。このペンキ2.5Lでは、何m²の板をぬることができますか。
式

答え（ 　　　　　　　）

 文章題は、出てくる数字を図に表して考えると、式がつくりやすくなります。

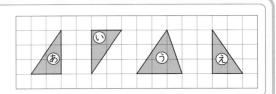

学習の目標・
合同な図形とは何か、
対応するとはどういう
ことか理解しよう。

① 合同な図形

基本のワーク

教科書　70〜74ページ　　答え　8ページ

基本 **1** 合同な図形がわかりますか。

☆ 右の図で、㋐の三角形と合同な三角形を
全部選びましょう。

とき方　ぴったり重ねあわせることができる 2 つの図形は、[　　　] であるといいます。う
ら返してぴったり重ねあわせることができる 2 つの図形も、合同です。

[　　] は㋐を 180°まわすと、ぴったり重なります。

[　　] は、ぴったり重ねあわせることができません。

[　　] は㋐をうら返すと、ぴったり重なります。

答え [　　　　　]

---

1 下の図で、合同な図形を全部選びましょう。

📖教科書　72ページ **1**

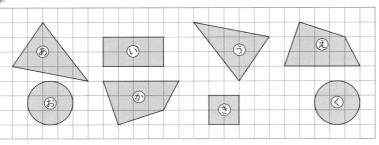

まわしたり、う
ら返したりして、
ぴったり重なる
ものをさがそう。

（　　　　　　　　　　　　　　　　　　）

基本 **2** 合同な図形で、対応する頂点、辺、角を見つけられますか。

☆ 右の㋐と㋑の三角形は合同です。
❶ 対応する頂点を全部答えましょう。
❷ 対応する辺を全部答えましょう。
❸ 対応する角を全部答えましょう。

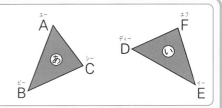

とき方　合同な図形で、重なりあう頂点、辺、角を、
それぞれ [　　　] する頂点、[　　　] する辺、[　　　] す
る角といいます。合同な図形では、対応する辺の長
さは [　　　]、対応する角の大きさも [　　　] なっ
ています。

答え ❶ [　　　　　　　　]

❷ [　　　　　　　　]

❸ [　　　　　　　　]

　お皿やコースターなど、合同な図形は身のまわりにもたくさんあるよ。さがしてみよう。

2 右の⑤と②の四角形は合同です。

📖 教科書 73ページ **2**

① 対応する頂点を全部答えましょう。

(　　　　　　　　　)

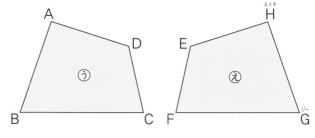

② 対応する辺を全部答えましょう。

(　　　　　　　　　)

3 右の⑧と⑩の三角形は合同です。

📖 教科書 73ページ **3**

① 辺DF の長さは何cm ですか。

(　　　　　　　　　)

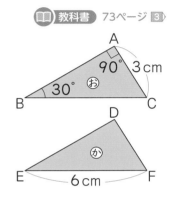

② 角E の大きさは何度ですか。

(　　　　　　　　　)

③ 辺BC の長さは何cm ですか。

(　　　　　　　　　)

基本 3 四角形を対角線で分けたときに合同な三角形ができるものがわかりますか。

⭐ 下の四角形を、それぞれ 1 本の対角線で 2 つの三角形に分けます。合同な三角形ができるのはどれですか。

 長方形　　 ひし形　　 平行四辺形　　 台形

とき方 どの四角形も、対角線を 2 本ひくことができます。どちらの対角線をひいても、合同な三角形ができるかどうかの結果は同じです。

答え [　　　　　　]

4 右の図のように、平行四辺形を 2 本の対角線で 4 つの三角形に分けます。4 つの三角形のうち、合同な三角形を全部見つけましょう。

📖 教科書 74ページ **4**

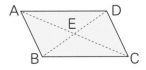

(　　　　　　　　　)

ポイント 合同な図形とは、重ねあわせるとぴったり重なる図形のことです。頭の中でまわしたり、うら返したりして、重なる図形をさがしましょう。

勉強した日 月 日

2 合同な図形のかき方

基本のワーク

学習の目標
コンパスや分度器を使って、合同な三角形や四角形をかこう。

教科書 75〜79ページ 答え 8ページ

基本 1 合同な三角形がかけますか。

☆ 右の三角形ABC（エービーシー）と合同な三角形をかきましょう。

A
B
C

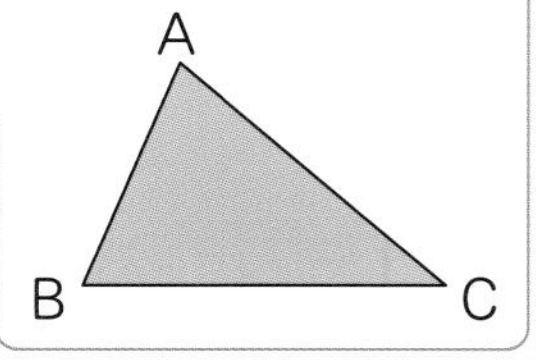

とき方 《1》 3つの辺の長さをはかってかく。

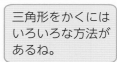

コンパスで辺ABと等しい長さの半径の円をかく。
コンパスで、辺ACと等しい長さの半径の円をかき、頂点（ちょうてん）Aの位置をきめる。
❷辺ABと等しい長さ
❶辺BCと等しい長さ
❸辺ACと等しい長さ
A
B
C

三角形をかくにはいろいろな方法があるね。

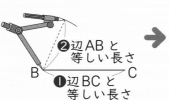

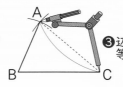

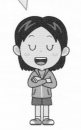

《2》 2つの辺の長さと、その間の角の大きさをはかってかく。

角Bと等しい大きさの角をかく。
コンパスで、辺ABと等しい長さの半径の円をかき、頂点Aの位置をきめる。
❷角Bと等しい角
❶辺BCと等しい長さ
❸辺ABと等しい長さ
A
B
C

《3》 1つの辺の長さと、その両はしの角の大きさをはかってかく。

角Bと等しい大きさの角をかく。
角Cと等しい大きさの角をかき、頂点Aの位置をきめる。
❷角Bと等しい角
❶辺BCと等しい長さ
❸角Cと等しい角
A
B
C

答え

1 次の三角形をかきましょう。 教科書 78ページ 1

❶ 3つの辺の長さが2cm、3cm、4cmの三角形

❷ 2つの辺の長さが3cmと4cmで、その間の角の大きさが50°の三角形

さんすうはかせ 1辺の長さや対角線の長さが等しい正方形は、合同になるね。

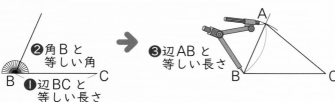

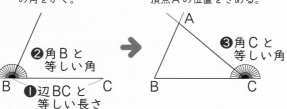

2 下の三角形の中で、わかっている辺の長さや角の大きさを使うと、合同な三角形をかけるのはどれでしょう。 📖教科書 78ページ

㋐
5cm 35°
45°

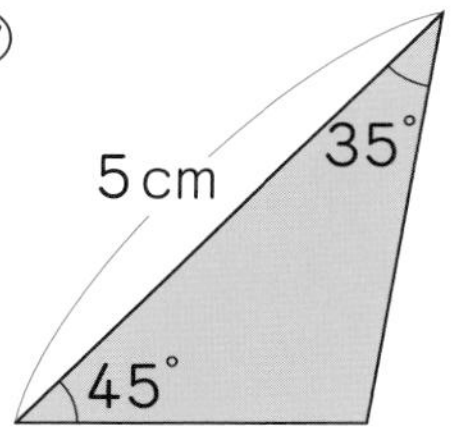

㋑
3cm 4cm
5cm

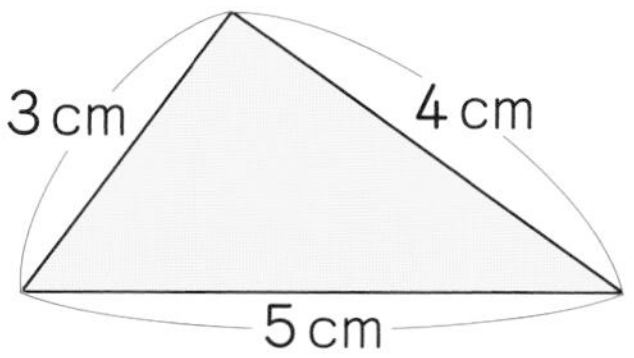

㋒
80°
60° 40°

(   )

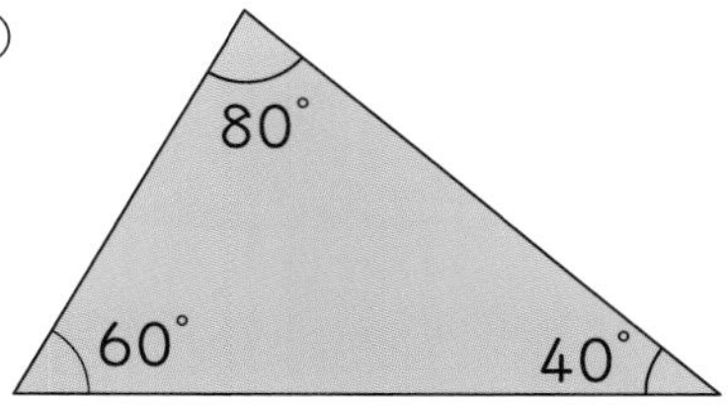

基本2 合同な四角形がかけますか。

☆ 右の四角形ABCD と合同な四角形をかきましょう。

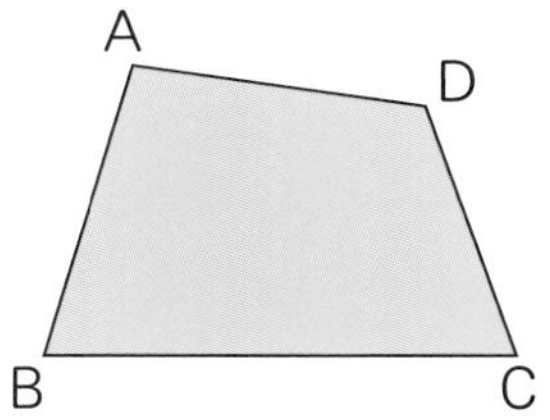

A   D
B   C

とき方

《1》

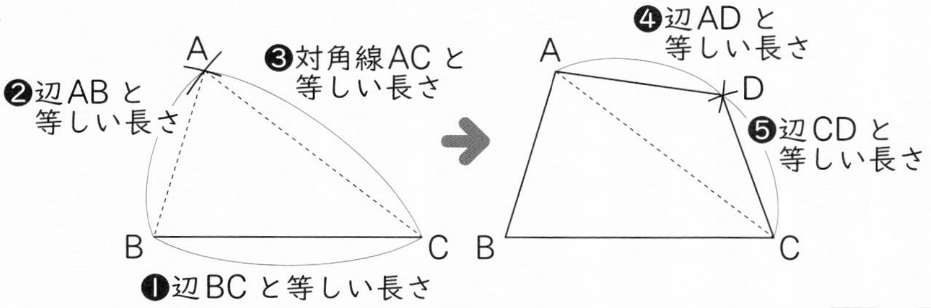

❷辺AB と等しい長さ
❸対角線AC と等しい長さ
A
B   C
❶辺BC と等しい長さ

➡

❹辺AD と等しい長さ
A   D
❺辺CD と等しい長さ
B   C

《2》

❸辺AB と等しい長さ
A
❷角B と等しい角
B   C
❶辺BC と等しい長さ

➡

A
❹角C と等しい角
❺辺CD と等しい長さ
D
B   C

答え

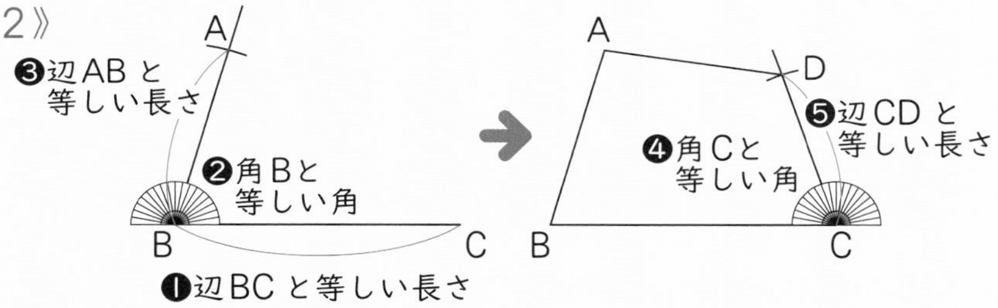

3 下の平行四辺形やひし形と合同な図形をかきましょう。 📖教科書 79ページ 2

❶

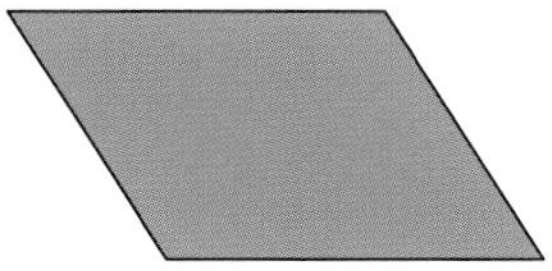

❷

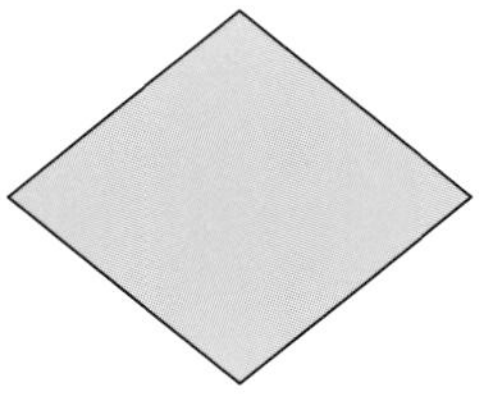

 ポイント 三角形は、①3つの辺の長さ、②2つの辺の長さとその間の角の大きさ、③1つの辺の長さとその両はしの角の大きさ、のどれかがわかれば、かくことができます。

③ 三角形と四角形の角

基本のワーク

教科書 80〜87、270ページ　　答え 9ページ

基本❶ 三角形の 3 つの角の大きさの和は何度かわかりますか。

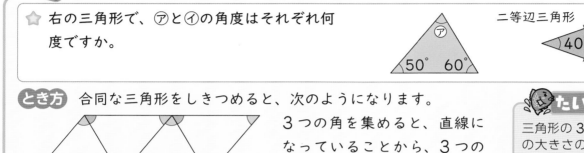

☆ 右の三角形で、㋐と㋑の角度はそれぞれ何度ですか。

二等辺三角形

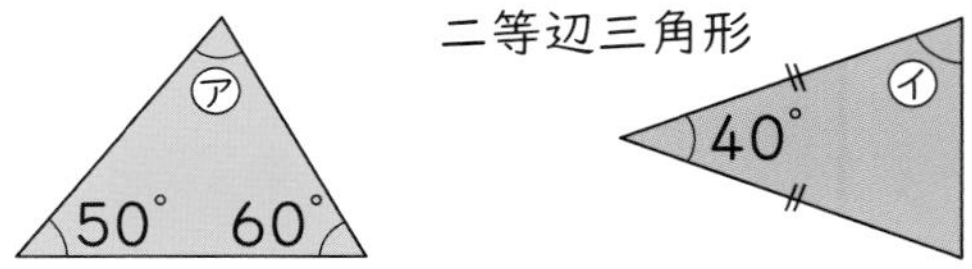

とき方 合同な三角形をしきつめると、次のようになります。

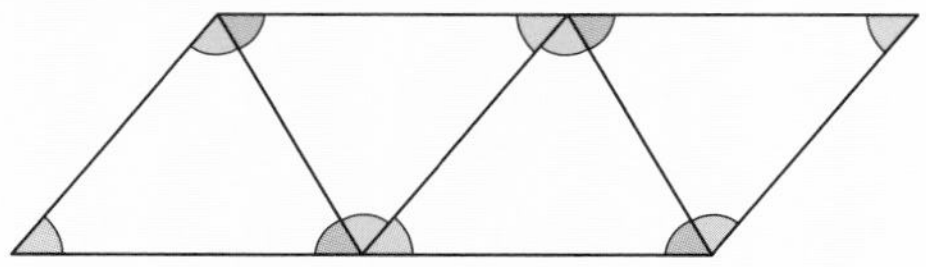

3 つの角を集めると、直線になっていることから、3 つの角の大きさの和は □ °になります。

> **たいせつ**
> 三角形の 3 つの角の大きさの和は、180°です。

㋐　　□ °−(50°＋60°)＝□ °

㋑　二等辺三角形の 2 つの角の大きさは □ ので、
(□ °−40°)÷2＝□ °

答え ㋐ □ °　㋑ □ °

❶ 右の二等辺三角形で、㋐の角度は何度ですか。

📖 教科書 82ページ **1**

30°

二等辺三角形の 2 つの角は等しいね。

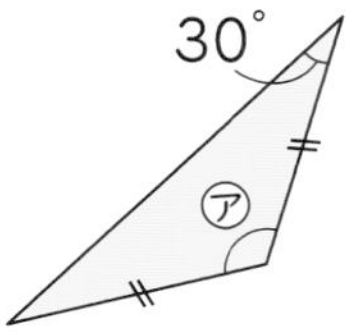

(　　　　　　　)

基本❷ 三角形の角の大きさの関係がわかりますか。

☆ 右の三角形ABC の角 A と角 C の大きさの和は何度ですか。

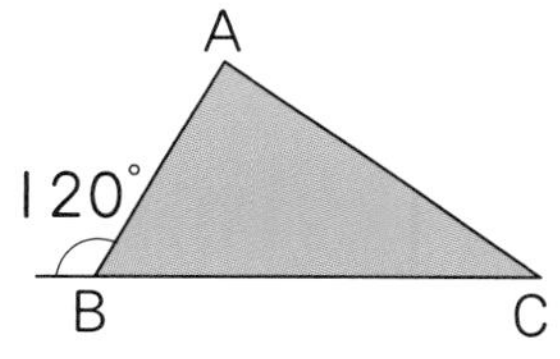

とき方 三角形の 3 つの角の大きさの和は □ °だから、
角A＋角B＋角C＝□ °

また、直線になっていることから、120°＋角B＝□ °

2 つの式を比べると、角A＋角C＝□ °

答え □ °

❷ 下の三角形で、㋐から㋒の角度はそれぞれ何度ですか。

📖 教科書 82ページ **2**

❶
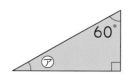
60°
㋐

❷
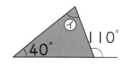
㋑
40°　110°

❸
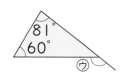
81
60°
㋒

(　　　　　　　)　(　　　　　　　)　(　　　　　　　)

さんすうはかせ　図形の中にある角を「内角」、図形の角の大きさの和のことを「内角の和」ともいうよ。

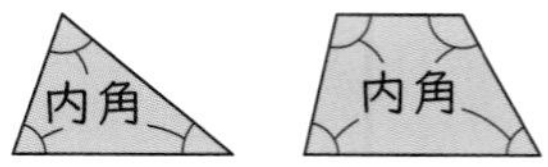

☆ 右の四角形で、4 つの角の大きさの和は何度ですか。

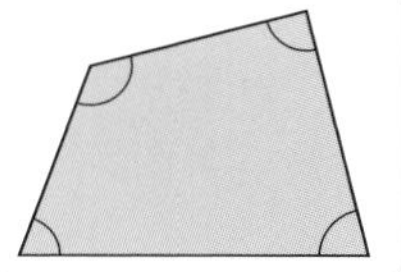

とき方 《1》 三角形の 3 つの角の大きさの和は、 $\boxed{}$° です。

対角線で 2 つの三角形に分けて考えると、

$180° \times \boxed{} = \boxed{}$°

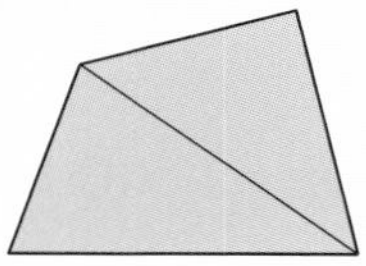

《2》 右の図のように点 A をとり、4 つの三角形に

分けます。1 つの三角形の 3 つの角の大きさの

和は $\boxed{}$° なので、三角形 4 つ分の角の大きさの

和は、$\boxed{}$° ×4＝720°

点 A のまわりの余分な $\boxed{}$° をひいて、

720°－360°＝$\boxed{}$°

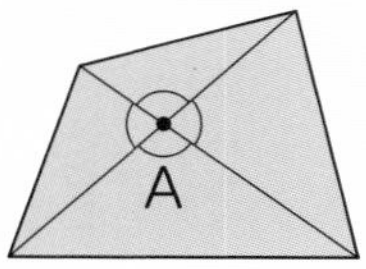

たいせつ

四角形の 4 つの角の大きさの和は、360° です。

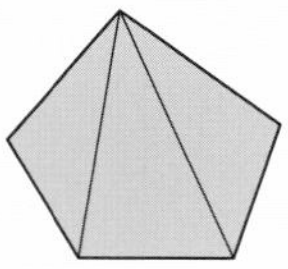

答え $\boxed{}$°

3 下の四角形で、㋐と㋑の角度はそれぞれ何度ですか。

📖 教科書 85ページ **3**

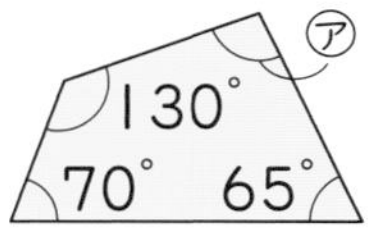

① 130° ㋐ 70° 65° 式

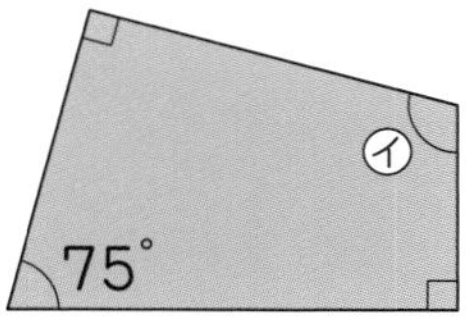

② 75° ㋑ 式

答え（　　　　　）　　　　　答え（　　　　　）

☆ 右の五角形の 5 つの角の大きさの和は何度ですか。

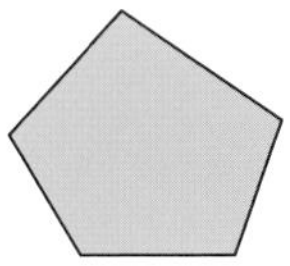

とき方 三角形、四角形、五角形…のように、直線だけで

かこまれた図形を $\boxed{}$ といいます。右の図のよう

に対角線をひくと 3 つの三角形に分けることができる

ので、五角形の 5 つの角の大きさの和は、

$\boxed{}$° ×3＝$\boxed{}$°

答え $\boxed{}$°

4 下の六角形、七角形を、1 つの頂点からひいた対角線で分けたときにできる三角形の数と、

角の大きさの和を表にまとめましょう。

📖 教科書 86ページ **4**

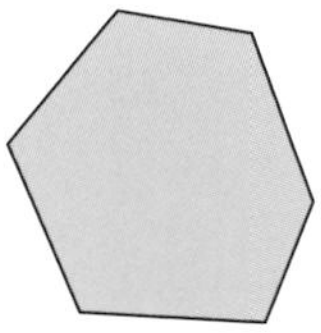

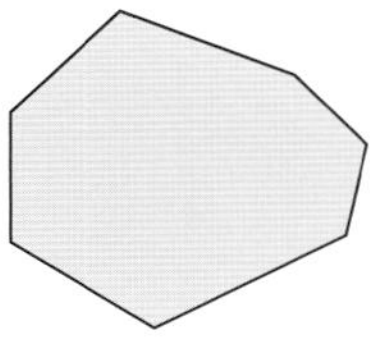

	六角形	七角形
三角形の数		
角の大きさの和		

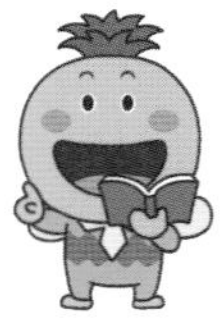

四角形は 2 つ、五角形は 3 つの三角形に分けられたね。

ポイント どんな多角形の角の大きさの和でも、三角形に分けて考えることができます。対角線のひき方をくふうしましょう。三角形の角の大きさの和は 180° です。

⑥ ぴったり重なる形と図形の角を調べよう 図形の合同と角

練習のワーク

教科書 70～89、270ページ　答え 9ページ

1 合同な三角形　下の 2 つの三角形は合同です。次の辺、角、頂点を答えましょう。

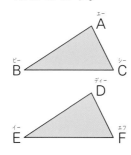

❶ 辺 AB に対応する辺　　　（　　　　　　　）

❷ 角 F に対応する角　　　　（　　　　　　　）

❸ 頂点 E に対応する頂点　　（　　　　　　　）

❹ 辺 DF に対応する辺　　　（　　　　　　　）

2 合同な図形のかき方　下の三角形と合同な三角形をかきましょう。

❶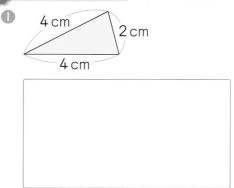

❷

3 三角形の3つの角の大きさの和　下の三角形で、㋐から㋓の角度はそれぞれ何度ですか。

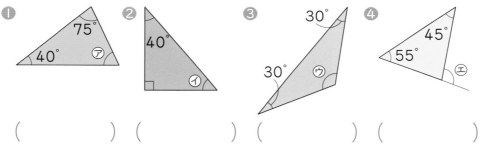

❶　　　　　　　❷　　　　　　　❸　　　　　　　❹

（　　　　　）（　　　　　）（　　　　　）（　　　　　）

4 四角形の4つの角の大きさの和　下の四角形で、㋐と㋑の角度はそれぞれ何度ですか。

❶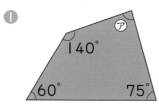

❷ 平行四辺形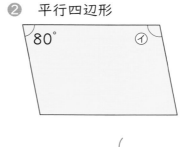

（　　　　　）　　　　　　（　　　　　）

てびき

1 合同な三角形

たいせつ
合同な図形で、重なりあう頂点、辺、角を、それぞれ対応する頂点、対応する辺、対応する角といいます。

2 合同な図形のかき方
❶ コンパスを利用します。
❷ 分度器とコンパスを利用します。

3 三角形の 3 つの角の大きさの和
三角形の 3 つの角の大きさの和は、180°です。

4 四角形の 4 つの角の大きさの和
四角形の 4 つの角の大きさの和は、360°です。

ヒント
平行四辺形の向かいあった角の大きさは等しくなります。

できるナビ　三角形、四角形以外の多角形も、三角形に分けて考えることで、角の大きさの和が求められます。

まとめのテスト

教科書 70〜89、270ページ 答え 9ページ

1 よく出る 右の 2 つの三角形は合同です。 1つ7〔14点〕

❶ 辺DF の長さは何cm ですか。

（ 　　　　　　 ）

❷ 角F は何度ですか。

（ 　　　　　　 ）

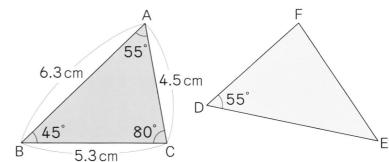

2 右の 2 つの四角形は合同です。次の頂点、辺、角を答えましょう。 1つ7〔21点〕

❶ 頂点A に対応する頂点 （ 　　　　　 ）

❷ 辺AD に対応する辺 （ 　　　　　 ）

❸ 角C に対応する角 （ 　　　　　 ）

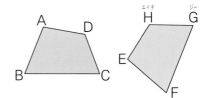

3 よく出る 右の三角形で、㋐から㋓の角度はそれぞれ何度ですか。 1つ7〔28点〕

㋐（ 　　　　　 ）　㋑（ 　　　　　 ）

㋒（ 　　　　　 ）　㋓（ 　　　　　 ）

 三角形の 3 つの角の大きさの和は何度だったかな。

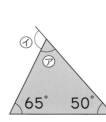 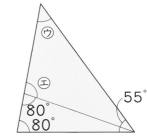

4 右の四角形で、㋐から㋓の角度はそれぞれ何度ですか。 1つ7〔28点〕

㋐（ 　　　　　 ）　㋑（ 　　　　　 ）

㋒（ 　　　　　 ）　㋓（ 　　　　　 ）

5 八角形の 8 つの角の大きさの和は何度ですか。右の八角形をいくつかの三角形に分けて、角の大きさの和を求めましょう。 〔9点〕

（ 　　　　　 ）

ふろくの「計算練習ノート」12ページをやろう！

 □合同な三角形や四角形のかき方はわかったかな？
□三角形や四角形の角の大きさを求めることができたかな？

① 偶数と奇数
② 倍数と公倍数

基本のワーク

教科書 94〜101ページ　　答え 9ページ

基本 ❶　整数を 2 つの仲間に分けることができますか。

☆ 身長の高い順に、1、2、3、…と番号をつけ、1 番から番号順に、赤、白、赤、白、…と分かれて、組をつくっていきます。14 番と 17 番の人は、どちらの組になりますか。

とき方　2 でわったとき、わりきれる整数を [　　　] といい、あまりが 1 になる整数を [　　　] といいます。0 は [　　　] です。

偶数の一の位の数字は、□、□、□、□、□ で、
奇数の一の位の数字は、□、□、□、□、□ です。

赤組	1、3、5、7、9、11、…
白組	2、4、6、8、10、12、…

答え　14 番 [　　　]　　17 番 [　　　]

① □にあてはまる数をかきましょう。　　📖 教科書 95ページ❶

偶数　　4＝2×[　　]　　　　　　奇数　　9＝2×[　　]＋1
　　　　16＝2×[　　]　　　　　　　　　　17＝2×[　　]＋1

② 次の整数を、偶数と奇数に分けましょう。　　📖 教科書 96ページ ❶

0　6　25　72　91　375

偶数（　　　　　　　　　　）　奇数（　　　　　　　　　　）

基本 ❷　倍数、公倍数とはどんな数かわかりますか。

☆ ゆかにたて 3cm、横 5cm のブロックを、たてと横にすきまなくしきつめて正方形をつくります。いちばん小さい正方形の 1 辺の長さは何 cm になりますか。

とき方　3、6、9、…のように、3 に整数をかけてできる数を 3 の [　　　] といいます。0 は倍数に入れないで考えます。

3 の倍数　0 1 2 ③ 4 5 ⑥ 7 8 ⑨ 10 11 ⑫ 13 14 ⑮ 16

5 の倍数　0 1 2 3 4 ⑤ 6 7 8 9 ⑩ 11 12 13 14 ⑮ 16

15、30、45、…のように、3 の倍数にも 5 の倍数にもなっている数を、3 と 5 の [　　　] といいます。

答え [　　　] cm

③ 次の数の倍数を、小さいほうから順に 3 つかきましょう。　　📖 教科書 98ページ ❸

❶ 6　　　　　　　　　　❷ 11　　　　　　　　　　❸ 13

（　　　　　　　　　）　（　　　　　　　　　）　（　　　　　　　　　）

さんすうはかせ　むかしの中国では、奇数を「陽数」、偶数を「陰数」といい、奇数はおめでたい数と考えられていたよ。3 月 3 日や 5 月 5 日にお祝いするのは、中国から伝わった風習だよ。

☆ 6 と 8 の公倍数を、小さいほうから順に 2 つ答えましょう。

とき方 《1》 6 の倍数…6、12、18、□、30、36、42、□、…

8 の倍数… 8、16、□、32、40、□、…

《2》 8 の倍数… 8、16、□、32、40、□、…

6 の倍数になっている…× × ○ × × ○

6 と 8 の公倍数は、□、□、…です。

公倍数の中でいちばん小さい数を □ といいます。6 と 8 の最小公倍数は □ で、6 と 8 の公倍数は、□ の倍数になっています。

答え □、□

さんこう

2) 6 8
　3 4
最小公倍数は
2×3×4＝24

④ ( ) の中の 2 つの数の最小公倍数を求めましょう。　📖教科書 100ページ③

❶ (4、8)　　❷ (2、5)　　❸ (9、6)

( )　( )　( )

⑤ ( ) の中の 2 つの数の公倍数を、小さいほうから順に 3 つかきましょう。

❶ (4、9)　　❷ (5、6)　　📖教科書 100ページ⑤

( )

❸ (8、2)　　❹ (6、10)

( )

( )

☆ 4、6、9 の最小公倍数を求めましょう。

とき方 《1》 4 の倍数…4、8、12、16、20、24、28、32、□、…

6 の倍数… 6、12、18、24、30、□、…

9 の倍数… 9、18、27、□、…

《2》 9 の倍数… 9、18、27、□

4 の倍数になっている…× × □ ○

6 の倍数になっている…× ○ □ ○

答え □

⑥ ( ) の中の 3 つの数の最小公倍数を求めましょう。　📖教科書 101ページ⑥

❶ (2、3、8)　　❷ (4、9、2)　　❸ (3、9、18)

( )　( )　( )

ポイント 3 つの数の場合、まず 2 つの数の最小公倍数を求めて、その数と残りの数の最小公倍数を求めてもよいです。

学習の目標
約数、公約数と最大公約数の求め方を身につけよう。

③ **約数と公約数**

基本のワーク

教科書 102〜104ページ　答え 10ページ

基本①　約数とはどんな数かわかりますか。

☆ 16個のあめを何人かの子どもに同じ数ずつ分けます。あまりが出ないように分けられるのは、子どもの人数が何人のときですか。

とき方　子どもの数が1人のとき、2人のとき、…と順に調べます。1、2、4、…のように、16をわりきることのできる整数を、16の　　　といいます。

たいせつ
16は2の倍数です。また、2は16の約数になっています。

人数（人）	1	2	3	4	5	6	7	8	9	10	11	12	13	14	15	16
あめのあまり	○	○	×													

○…あまりなし　　×…あまりあり

答え 　　　　　　　　　　　

① 次の数の約数を全部かきましょう。　　　教科書 102ページ 1

❶ 14　　　　　　　❷ 19　　　　　　　❸ 49

（　　　　　　）　（　　　　　　）　（　　　　　　）

基本②　公約数とはどんな数かわかりますか。

☆ りんご18個とみかん21個を、何人かの子どもに同じ数ずつ分けます。りんごもみかんもあまりが出ないように分けられるのは、子どもの数が何人のときですか。

とき方　18と21、それぞれの約数を調べます。

18の約数　0 ①②③4 5 ⑥7 8 ⑨10 11 12 13 14 15 16 17⑱

21の約数　0 ①2③4 5 6⑦8 9 10 11 12 13 14 15 16 17 18 19 20㉑

18の約数にも21の約数にもなっている数を、18と21の　　　といいます。

答え 　　　　　　　　

② 次の数のうち、9と15の公約数はどれですか。　　　教科書 103ページ 2

1、2、3、4、5、6、9、10、12、15

（　　　　　　）

さんすうはかせ テレビのニュースや新聞でいろいろな意見の共通部分という意味で「最大公約数」という言葉が使われることがあるよ。

☆ 12 と 18 の公約数を全部かきましょう。また、最大公約数を求めましょう。

とき方 《1》 12 の約数… 1、□、3、4、□、 12
18 の約数… 1、□、3、 □、9、 18

《2》 12 の約数… 1、□、3、4、□、12
18 の約数になっている…○ ○ ○ × ○ ×
12 と 18 の公約数は、□、□、3、□ です。
公約数の中でいちばん大きい数を [   ] といいます。
12 と 18 の最大公約数は [   ] で、12 と 18 の公約数は、
[   ] の約数となっています。

さんこう

2) 12 18
3) 6 9
   2 3
最大公約数は
2×3＝6

答え 公約数 [   ] 最大公約数 [   ]

3 24 と 30 の最大公約数を求めましょう。　　　　　　　　　　　　教科書 104ページ 3

(　　　　　　)

4 (　　)の中の 2 つの数の公約数を全部かきましょう。また、最大公約数を求めましょう。
教科書 104ページ 3

1 (15、21)　　　　　　公約数 (　　　　　)　　最大公約数 (　　　　　)

2 (18、24)　　　　　　公約数 (　　　　　)　　最大公約数 (　　　　　)

3 (11、33)　　　　　　公約数 (　　　　　)　　最大公約数 (　　　　　)

4 (6、7)　　　　　　　公約数 (　　　　　)　　最大公約数 (　　　　　)

5 たて 16cm、横 24cm の板があります。この上に合同な正方形をすきまなくならべるとき、
いちばん大きい正方形の 1 辺の長さは何cm ですか。　　　　教科書 104ページ 4

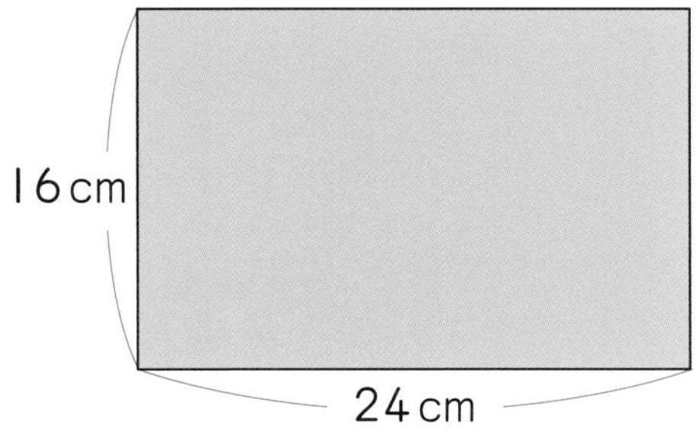

16cm

24cm

正方形の 1 辺の長さが、板のたての長さの約数なら、たてにすきまなくならべられるね。

(　　　　　　)

ポイント 約数をならべるとき、ぬけがないように注意しましょう。

練習のワーク

できた数

/15問中

教科書　94〜106ページ　　答え　10ページ

1 偶数と奇数　次の整数を、偶数と奇数に分けましょう。

0　7　20　49　76　123

偶数（　　　　　　　　　）　奇数（　　　　　　　　　）

2 倍数　次の数のうち、9 の倍数はどれですか。

9　16　27　34　46　54　66　72　81　99

（　　　　　　　　　　　　　　）

3 公倍数　4 と 12 の公倍数を、小さいほうから順に 3 つかきましょう。

（　　　　　　　　　　　）

4 最小公倍数　（　　　）の中の 2 つまたは 3 つの数の最小公倍数を求めましょう。

❶　(6、9)　　　　　　　　❷　(3、8、24)

（　　　　　　　　）　　　（　　　　　　　　）

5 約数　次の数の約数を全部かきましょう。

❶　3　　　　　　　❷　9　　　　　　　❸　25

（　　　　　　）（　　　　　　）（　　　　　　）

6 公約数　（　　　）の中の 2 つの数の公約数を全部かきましょう。

❶　(4、8)　　　　　❷　(18、36)　　　　❸　(3、11)

（　　　　　　）（　　　　　　）（　　　　　　）

7 最大公約数　（　　　）の中の 2 つの数の最大公約数を求めましょう。

❶　(15、20)　　　❷　(12、36)　　　❸　(5、42)

（　　　　　　）（　　　　　　）（　　　　　　）

てびき

1 偶数と奇数

偶数は 2 でわったとき、わりきれます。奇数は、2 でわったとき、あまりが 1 になります。

2 倍数

9 に整数をかけてできる数です。

3 公倍数

4 と 12 の公倍数とは、4 の倍数にも 12 の倍数にもなっている数のことです。

4 最小公倍数

たいせつ

最小公倍数とは、公倍数の中でいちばん小さい数のことです。

5 約数

その数をわりきることができる整数を約数といいます。

6 公約数

4 と 8 の公約数とは、4 の約数にも 8 の約数にもなっている数のことです。1 もふくみます。

7 最大公約数

たいせつ

最大公約数とは、公約数の中でいちばん大きい数のことです。

できるナビ　最小公倍数を求めるときは、大きいほうの数の倍数を、小さい順に調べ、最大公約数を求めるときは、小さいほうの数の約数を、大きい順に調べるとよいです。

まとめのテスト

得点

/100点

教科書 94〜106ページ　　答え 10ページ

1 次の計算の答えは、奇数ですか、偶数ですか。　　　　　　　　　　　　　1つ6〔24点〕

① 45＋65　　　（　　　　　　　）　　　② 527＋317　　（　　　　　　　）

③ 983－592　（　　　　　　　）　　　④ 92－24　　（　　　　　　　）

2 よく出る 次の数を求めましょう。　　　　　　　　　　　　　　　　　1つ6〔30点〕

① 7の倍数を、小さいほうから順に5つ　　　　　　　（　　　　　　　）

② 2と6の公倍数を、小さいほうから順に3つ　　　　（　　　　　　　）

③ 4、6、9の公倍数を、小さいほうから順に3つ　　　（　　　　　　　）

④ 15と20の最小公倍数　　　⑤ 5、7、15の最小公倍数

　　　　　（　　　　　　　）　　　　　　　　　（　　　　　　　）

3 よく出る 次の数を求めましょう。　　　　　　　　　　　　　　　　　1つ6〔24点〕

① 81の約数を全部　　　　　　　② 6と8の公約数を全部

　　　　　（　　　　　　　）　　　　　　　　　（　　　　　　　）

③ 18と42の最大公約数　　　　④ 36と90の最大公約数

　　　　　（　　　　　　　）　　　　　　　　　（　　　　　　　）

4 たて10cm、横4cmの長方形の紙がたくさんあります。この紙を同じ向きにすきまなくならべて、いちばん小さい正方形をつくるとき、長方形の紙を何まい使いますか。　〔10点〕

　　　　　　　　　　　　　　　　　　　　　　　　（　　　　　　　）

5 赤色の色紙20まいと黄色の色紙16まいを、何人かの子どもに同じ数ずつ分けます。どちらの色の色紙もあまりが出ないように、できるだけ多くの子どもに分けるには、何人に分ければよいですか。　〔12点〕

　　　　　　　　　　　　　　　　　　　　　　　　（　　　　　　　）

ふろくの「計算練習ノート」11ページをやろう！

チェック ☑　□ 公倍数、最小公倍数を求められたかな？
　　　　　　　□ 公約数、最大公約数を求められたかな？

⑧ 分数の計算のしかたを考えよう　分数のたし算とひき算

1 分数の大きさ [その1]

基本のワーク

<raw>教科書</raw> 108〜112ページ　<raw>答え</raw> 10ページ

基本 1　ある分数と大きさの等しい分数を見つけることができますか。

☆ □にあてはまる数をかきましょう。

① $\dfrac{3}{4} = \dfrac{⑦}{8} = \dfrac{9}{④}$　　② $\dfrac{12}{16} = \dfrac{6}{⑨} = \dfrac{㋒}{4}$

たいせつ

$\dfrac{△}{○} = \dfrac{△×□}{○×□}$　　$\dfrac{△}{○} = \dfrac{△÷□}{○÷□}$

とき方　分数の分母と分子に同じ数をかけても、分母と分子を同じ数でわっても、分数の大きさは変わりません。

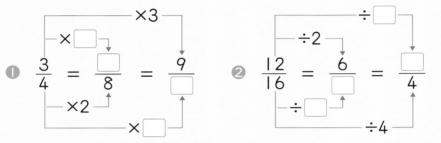

答え ⑦ [　]
　　　④ [　]
　　　㋒ [　]
　　　㋓ [　]

1 □にあてはまる数をかきましょう。

<raw>教科書</raw> 110ページ 1

① $\dfrac{3}{5} = \dfrac{⑦}{10} = \dfrac{9}{④}$　　　　② $\dfrac{9}{18} = \dfrac{㋒}{6} = \dfrac{1}{㋓}$

⑦ (　　　　)　④ (　　　　)　　㋒ (　　　　)　㋓ (　　　　)

2 次の分数と等しい分数を2つずつつくりましょう。

<raw>教科書</raw> 110ページ 2

① $\dfrac{1}{3}$　　　② $\dfrac{2}{8}$　　　③ $\dfrac{9}{12}$　　　④ $\dfrac{3}{18}$

(　　　　)　(　　　　)　(　　　　)　(　　　　)

基本 2　約分することができますか。

☆ $\dfrac{18}{24}$ を約分しましょう。

とき方　分数の分母と分子を、それらの公約数でわって、分母が小さい分数にすることを、[　　　]するといいます。分数では、ふつう、約分して分母と分子をできるだけ小さくします。

$\dfrac{18}{24} = \dfrac{18÷□}{24÷□} = \dfrac{3}{□}$　　　**答え** [　]

分母と分子が小さくなると大きさがわかりやすいね。

さんすうはかせ　古代ローマでは、分数は $\dfrac{1}{10}$ ではなく、$\dfrac{1}{12}$ を基準にしていたんだって。

❸ □にあてはまる数をかきましょう。

📖 教科書 111ページ ❸

① $\dfrac{7}{14}=\dfrac{7÷⑦}{14÷①}=\dfrac{1}{2}$

⑦ (   )   ① (   )

② $\dfrac{12}{27}=\dfrac{12÷⑦}{27÷①}=\dfrac{4}{9}$

⑦ (   )   ① (   )

分母と分子を同じ数で
わっても、同じ大きさ
の分数になるよ。

❹ 次の分数を約分しましょう。

📖 教科書 111ページ ❹

① $\dfrac{2}{6}$ (   )   ② $\dfrac{4}{8}$ (   )   ③ $\dfrac{8}{10}$ (   )

④ $\dfrac{12}{18}$ (   )   ⑤ $\dfrac{15}{24}$ (   )   ⑥ $\dfrac{20}{28}$ (   )

⑦ $\dfrac{18}{30}$ (   )   ⑧ $\dfrac{14}{35}$ (   )   ⑨ $\dfrac{24}{36}$ (   )

基本❸ 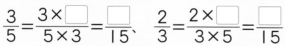 通分することができますか。

☆ $\dfrac{3}{5}$ と $\dfrac{2}{3}$ では、どちらが大きいですか。

とき方 分母のちがう分数を、それぞれの大きさを変えないで、分母が同じ分数になおす
ことを □ するといいます。

$\dfrac{3}{5}$ と $\dfrac{2}{3}$ の分母を 5 と 3 の公倍数である 15 になおすと、

$\dfrac{3}{5}=\dfrac{3×□}{5×3}=\dfrac{□}{15}$、 $\dfrac{2}{3}=\dfrac{2×□}{3×5}=\dfrac{□}{15}$

だから □ が大きいです。   **答え** □

分母が同じなら、
分子の大きさで比
べられるね。

❺ (   )の中の分数を通分して、大きいほうを答えましょう。

📖 教科書 112ページ ❺

① $\left(\dfrac{3}{4}、\dfrac{3}{5}\right)$ (   )   ② $\left(\dfrac{2}{3}、\dfrac{4}{5}\right)$ (   )

③ $\left(\dfrac{3}{5}、\dfrac{5}{8}\right)$ (   )   ④ $\left(\dfrac{6}{7}、\dfrac{4}{5}\right)$ (   )

⑤ $\left(\dfrac{5}{9}、\dfrac{1}{2}\right)$ (   )   ⑥ $\left(\dfrac{5}{6}、\dfrac{9}{11}\right)$ (   )

ポイント 1つの分数の大きさは、なるべく約分したほうがわかりやすくなります。分母のちがう分数は、
通分すると大きさを比べられます。

⑧ 分数の計算のしかたを考えよう　分数のたし算とひき算

1 分数の大きさ ［その2］
2 分数のたし算とひき算 ［その1］

基本のワーク

教科書 113〜115ページ　答え 11ページ

基本 1　通分のしかたがわかりますか。

☆ $\frac{2}{3}$、$\frac{5}{6}$、$\frac{7}{10}$ を通分して、小さい順にならべましょう。

とき方　通分するときは、ふつう、それぞれの分母の □

を分母にします。分母 3、6、10 の最小公倍数は □ なので、

通分すると、$\frac{2}{3}=\frac{2\times\square}{3\times10}=\frac{\square}{30}$、$\frac{5}{6}=\frac{5\times\square}{6\times5}=\frac{\square}{30}$、

$\frac{7}{10}=\frac{7\times\square}{10\times3}=\frac{\square}{30}$　答え □、□、□

通分しても、なるべく分母が小さいほうが、わかりやすいね。

1　(　)の中の分数を通分して、小さい順にならべましょう。

📖 教科書 113ページ 4 5

① $\left(\frac{5}{6}、\frac{7}{8}\right)$ （　　　　）

② $\left(\frac{7}{12}、\frac{9}{16}\right)$ （　　　　）

③ $\left(\frac{3}{4}、\frac{5}{6}、\frac{7}{12}\right)$ （　　　　）

④ $\left(\frac{3}{4}、\frac{7}{10}、\frac{8}{15}\right)$ （　　　　）

基本 2　分母がちがう分数のたし算ができますか。

☆ お茶が $\frac{1}{2}$ L はいった水とうと、$\frac{1}{3}$ L はいった水とうがあります。あわせて何 L ありますか。

たいせつ
分母がちがう分数のたし算は、通分すると計算できるようになります。

とき方　通分すると、$\frac{1}{2}=\frac{1\times\square}{2\times3}=\frac{\square}{6}$、$\frac{1}{3}=\frac{1\times\square}{3\times2}=\frac{\square}{6}$

だから、$\frac{1}{2}+\frac{1}{3}=\frac{\square}{6}+\frac{\square}{6}=\square$　答え □ L

2　次の計算をしましょう。

📖 教科書 114ページ 1

① $\frac{1}{3}+\frac{1}{5}$

② $\frac{2}{3}+\frac{1}{8}$

③ $\frac{4}{9}+\frac{1}{3}$

④ $\frac{5}{12}+\frac{1}{6}$

⑤ $\frac{1}{8}+\frac{5}{12}$

⑥ $\frac{2}{9}+\frac{1}{12}$

ちゅうい
$\frac{1}{2}+\frac{1}{3}=\frac{2}{5}$
としてはダメだよ。

さんすうはかせ　分数は、英語ではfraction（フラクション）といい、これはラテン語のfrangere（フランゲレ）という「くだく」という意味の言葉からきているんだって。

☆ 次の計算をしましょう。

① $\dfrac{2}{5}+\dfrac{3}{4}$　② $\dfrac{1}{6}+\dfrac{2}{15}$

とき方 ① $\dfrac{2}{5}+\dfrac{3}{4}=\dfrac{\square}{20}+\dfrac{15}{\square}$

$=\dfrac{\square}{20}$

$=\square\dfrac{\square}{\square}$　　答え $\square$

② $\dfrac{1}{6}+\dfrac{2}{15}=\dfrac{\square}{30}+\dfrac{\square}{30}$

$=\dfrac{\square}{\cancel{30}}$

$=\square$　　答え $\square$

3 次の計算をしましょう。　　📖 教科書 115ページ**2**

① $\dfrac{5}{6}+\dfrac{3}{8}$　　② $\dfrac{2}{3}+\dfrac{2}{5}$　　③ $\dfrac{3}{4}+\dfrac{5}{6}$

④ $\dfrac{1}{6}+\dfrac{3}{14}$　　⑤ $\dfrac{1}{3}+\dfrac{1}{6}$　　⑥ $\dfrac{1}{2}+\dfrac{3}{14}$

⑦ $\dfrac{1}{3}+\dfrac{4}{15}$　　⑧ $\dfrac{5}{14}+\dfrac{7}{10}$　　⑨ $\dfrac{5}{6}+\dfrac{4}{15}$

☆ $2\dfrac{1}{3}+1\dfrac{1}{4}$ の計算をしましょう。

とき方 《1》 仮分数になおしてから、通分して計算します。

$2\dfrac{1}{3}+1\dfrac{1}{4}=\dfrac{\square}{3}+\dfrac{\square}{4}=\dfrac{\square}{12}+\dfrac{\square}{\square}=\dfrac{\square}{\square}$

《2》 帯分数のまま、通分して計算します。

$2\dfrac{1}{3}+1\dfrac{1}{4}=2\dfrac{\square}{12}+1\dfrac{\square}{12}=3\dfrac{\square}{12}$　　答え $\square$

🐱 **ちゅうい**

答えが $3\dfrac{13}{12}$ のようなときは、

$3+\dfrac{13}{12}=3+1\dfrac{1}{12}=4\dfrac{1}{12}$

として、分子を分母より小さくします。

4 次の計算をしましょう。　　📖 教科書 115ページ**3**

① $1\dfrac{1}{4}+2\dfrac{2}{3}$　　　　② $2\dfrac{2}{7}+1\dfrac{3}{5}$

③ $3\dfrac{1}{2}+1\dfrac{5}{6}$　　　　④ $2\dfrac{2}{5}+\dfrac{14}{15}$

ポイント 分母がちがう場合、通分してから計算することに気をつけましょう。また、とちゅうで約分できるときは、約分します。

53

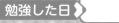

学習の目標・
分母がちがう分数の計算と、帯分数のひき算を身につけよう。

② **分数のたし算とひき算** [その2]

基本のワーク

教科書　116～117ページ　答え　11ページ

基本 1　分母がちがう分数のひき算ができますか。

☆ 水が $\frac{3}{4}$ L、お茶が $\frac{2}{3}$ L あります。どちらが何 L 多いですか。

とき方 $\frac{3}{4}$ と $\frac{2}{3}$ を通分すると、$\frac{3}{4}=\frac{3×\square}{4×3}=\frac{\square}{12}$、 $\frac{2}{3}=\frac{2×\square}{3×4}=\frac{\square}{12}$ だから、

$\frac{3}{4}$ のほうが大きいので、$\frac{3}{4}-\frac{2}{3}=\frac{\square}{12}-\frac{\square}{12}=\boxed{}$　**答え** $\boxed{}$ が $\boxed{}$ L 多い。

---

❶ チーズが $\frac{2}{3}$ kg、バターが $\frac{3}{5}$ kg あります。どちらが何 kg 多いですか。

式

📖 教科書　116ページ ❹

答え（　　　　　　　　　　）

❷ 次の計算をしましょう。

📖 教科書　116ページ ❸

① $\frac{3}{4}-\frac{1}{3}$　　② $\frac{6}{7}-\frac{2}{3}$　　③ $\frac{3}{5}-\frac{1}{2}$

④ $\frac{5}{9}-\frac{1}{3}$　　⑤ $\frac{5}{8}-\frac{1}{6}$　　⑥ $\frac{8}{9}-\frac{5}{6}$

通分してから計算しよう。

基本 2　約分のある分数のひき算ができますか。

☆ $\frac{5}{6}-\frac{8}{15}$ を計算しましょう。

6 と 15 の最小公倍数は 30 だね。

とき方 $\frac{5}{6}-\frac{8}{15}=\frac{\square}{\square}-\frac{\square}{\square}$

$=\frac{9}{30}=\frac{\square}{\square}$　**答え** $\boxed{}$

ちゅうい
答えが約分できるときは約分します。

---

❸ 次の計算をしましょう。

📖 教科書　117ページ ❺

① $\frac{13}{15}-\frac{7}{10}$　　② $\frac{19}{24}-\frac{3}{8}$　　③ $\frac{13}{18}-\frac{1}{6}$

④ $\frac{1}{3}-\frac{4}{21}$　　⑤ $\frac{4}{5}-\frac{3}{10}$　　⑥ $\frac{1}{2}-\frac{1}{6}$

　分数という数は、1つのものを分けるということからはじまっているんだって。

基本 3 帯分数どうしのひき算ができますか。

⭐ 次の計算をしましょう。

① $4\dfrac{1}{3}-2\dfrac{1}{4}$　② $2\dfrac{1}{3}-1\dfrac{3}{4}$

とき方 帯分数のまま、通分して計算します。

① $4\dfrac{1}{3}-2\dfrac{1}{4}=4\dfrac{\square}{12}-2\dfrac{\square}{12}=\square\dfrac{\square}{\square}$

$2\dfrac{4}{12}=1+1\dfrac{4}{12}=1+\dfrac{16}{12}=1\dfrac{16}{12}$

② $2\dfrac{1}{3}-1\dfrac{3}{4}=2\dfrac{\square}{12}-1\dfrac{\square}{12}=1\dfrac{\square}{12}-1\dfrac{\square}{12}=\dfrac{\square}{\square}$

答え ① ◻　② ◻

4 次の計算をしましょう。　📖教科書 117ページ⑤

① $2\dfrac{1}{2}-1\dfrac{1}{4}$

② $3\dfrac{5}{12}-1\dfrac{1}{8}$

③ $3\dfrac{2}{7}-1\dfrac{3}{5}$

④ $2\dfrac{1}{12}-1\dfrac{3}{4}$

基本 4 3つの分数をたしたりひいたりできますか。

⭐ $\dfrac{3}{5}+\dfrac{1}{2}-\dfrac{1}{3}$ の計算をしましょう。

とき方 $\dfrac{3}{5}+\dfrac{1}{2}-\dfrac{1}{3}=\dfrac{\square}{30}+\dfrac{\square}{30}-\dfrac{\square}{30}=\dfrac{\square}{30}$　**答え** ◻

5 次の計算をしましょう。　📖教科書 117ページ⑥

① $\dfrac{1}{2}+\dfrac{5}{6}+\dfrac{1}{3}$

② $\dfrac{1}{3}+\dfrac{3}{4}+\dfrac{1}{5}$

③ $\dfrac{4}{5}-\dfrac{1}{3}+\dfrac{5}{6}$

④ $\dfrac{3}{4}+\dfrac{3}{5}-\dfrac{1}{2}$

⑤ $\dfrac{7}{8}-\dfrac{1}{2}-\dfrac{1}{6}$

⑥ $\dfrac{1}{2}-\dfrac{2}{7}-\dfrac{1}{14}$

📍**ポイント** 分母がちがう分数をたしたりひいたりするには、分母の最小公倍数を見つけることが大切です。

練習のワーク

1 同じ大きさの分数 □にあてはまる数をかきましょう。

① $\dfrac{3}{4} = \dfrac{\square}{8} = \dfrac{12}{\square}$

② $\dfrac{12}{28} = \dfrac{6}{\square} = \dfrac{\square}{7}$

2 約分 次の分数を約分しましょう。

① $\dfrac{6}{9}$

② $\dfrac{24}{40}$

③ $1\dfrac{20}{32}$

(   ) (   ) (   )

3 通分 (   )の中の分数を、小さい順にならべましょう。

① $\left(\dfrac{2}{3},\ \dfrac{3}{4}\right)$

② $\left(\dfrac{9}{14},\ \dfrac{13}{21}\right)$

③ $\left(\dfrac{3}{4},\ \dfrac{5}{6},\ \dfrac{7}{8}\right)$

(   ) (   ) (   )

4 分母がちがう分数のたし算・ひき算 次の計算をしましょう。

① $\dfrac{2}{3} + \dfrac{1}{5}$

② $\dfrac{3}{4} + \dfrac{7}{12}$

③ $\dfrac{1}{14} + \dfrac{2}{21}$

④ $\dfrac{3}{4} - \dfrac{2}{3}$

⑤ $\dfrac{5}{12} - \dfrac{5}{18}$

⑥ $\dfrac{5}{8} - \dfrac{7}{24}$

⑦ $\dfrac{3}{4} - \dfrac{1}{3} + \dfrac{5}{6}$

⑧ $1\dfrac{1}{2} + 2\dfrac{3}{10}$

⑨ $3\dfrac{2}{5} - 1\dfrac{4}{7}$

5 分母がちがう分数のひき算 塩が $\dfrac{2}{5}$ kg、さとうが $\dfrac{3}{7}$ kg あります。どちらが何 kg 多いですか。

式

答え (   )

1 同じ大きさの分数
分数の分母と分子に同じ数をかけても、分母と分子を同じ数でわっても、分数の大きさは変わりません。

2 約分
分数の分母と分子を、それらの公約数でわります。

3 通分

ヒント
分母をそろえれば、大きさが比べられます。

4 分母がちがう分数のたし算・ひき算
通分してから、計算します。答えが約分できるときは、約分します。

5 分母がちがう分数のひき算
分母がちがうので、通分してから、計算します。

できるナビ 約分するときは、分母と分子を公約数でわります。
通分するときは、もとの分母の公倍数になるように分母をなおします。

まとめのテスト

時間 **20**分

得点

／100点

1 次の分数を約分しましょう。　　　　　　　　　　　　　　　　　　　　　1つ3〔9点〕

① $\dfrac{10}{15}$ （　　　　　　　）　② $\dfrac{7}{21}$ （　　　　　　　）　③ $\dfrac{16}{40}$ （　　　　　　　）

2 （　　）の中の分数を、大きい順にならべましょう。　　　　　　　　　1つ4〔12点〕

① $\left(\dfrac{1}{4}、\dfrac{2}{7}\right)$　　　② $\left(1\dfrac{1}{3}、1\dfrac{2}{9}\right)$　　　③ $\left(\dfrac{3}{8}、\dfrac{5}{12}、\dfrac{7}{18}\right)$

（　　　　　　　）　　（　　　　　　　）　　（　　　　　　　）

3 よく出る 次の計算をしましょう。　　　　　　　　　　　　　　　　　　1つ5〔45点〕

① $\dfrac{1}{3}+\dfrac{2}{5}$　　　② $\dfrac{2}{3}+\dfrac{1}{12}$　　　③ $\dfrac{5}{18}+\dfrac{7}{30}$

④ $\dfrac{5}{7}-\dfrac{3}{14}$　　　⑤ $\dfrac{11}{15}-\dfrac{7}{25}$　　　⑥ $\dfrac{2}{3}+\dfrac{3}{5}-\dfrac{5}{12}$

⑦ $\dfrac{1}{6}-\dfrac{2}{21}+\dfrac{3}{14}$　　　⑧ $2\dfrac{2}{5}+1\dfrac{3}{7}$　　　⑨ $3\dfrac{1}{12}-2\dfrac{3}{4}$

4 お茶がやかんに $1\dfrac{5}{7}$ L、ポットに $1\dfrac{4}{9}$ L はいっています。　　1つ5〔20点〕

① あわせて何L ありますか。

式

答え（　　　　　　　）

② やかんには、お茶がポットより何L 多くはいっていますか。

式

答え（　　　　　　　）

5 びんに水が $1\dfrac{2}{5}$ L はいっています。この水を $\dfrac{1}{4}$ L 使ってから、$\dfrac{3}{10}$ L の水をびんに入れました。いま、びんには水が何L はいっていますか。　　1つ7〔14点〕

式

答え（　　　　　　　）

ふろくの「計算練習ノート」13〜17ページをやろう！

 チェック ✔
□ 約分、通分ができたかな？
□ 分数のたし算、ひき算ができたかな？

57

ならした大きさで表そう

基本のワーク

学習の目標・
平均の意味を理解し、計算のしかたを身につけよう。

教科書 124〜130ページ　答え 12ページ

基本1　平均の求め方がわかりますか。

☆ 5つの計量カップにはいったお米の重さをそれぞれ調べると、次のようになりました。カップ1つ分のお米の重さの平均は何gですか。

150g　148g　152g　149g　151g

とき方《1》

150g 148g 152g 149g 151g

150g

いくつかの数量を等しい大きさになるようにならしたものを、それらの数量の□といいます。

《2》

平均は、次の式で求めることができます。

平均 ＝ 合計 ÷ 個数

$(150+148+152+149+151)÷□＝□$

答え □ g

1 6個のみかんの重さをはかると、右のようになりました。みかん1個の重さの平均は何gですか。
式　　　　　　　　　　教科書 125ページ1

78g 76g 80g 79g 76g 79g

答え（　　　　　　　　）

基本2　小数で表せないものの平均を計算することができますか。

☆ 右の表は、けいこさんが折ったつるの数を表しています。1日平均何羽折ったことになりますか。

日	1日目	2日目	3日目	4日目	5日目
つるの数（羽）	3	7	11	0	5

とき方 $(3+7+11+0+5)÷□＝□$

ふつう小数で表せないものも、平均では小数で表すことがあります。

答え □ 羽

ちゅうい
平均を求めるときは、0もふくめて考えます。

2 右の表は、ゆきこさんが6日間で解いた問題の数を表しています。1日平均何問解いたことになりますか。
式　　　　　　　　　　教科書 127ページ2

日	1	2	3	4	5	6
問題の数	5	0	3	9	4	6

答え（　　　　　　　　）

さんすうはかせ　2021年度の小学校5年生男子の身長の平均は139.3cmで、女子は140.9cmだよ。

☆ 右の表は、しゅんさんが 10 歩ずつ 4 回歩いたときの記録です。しゅんさんが家から駅まで歩いてみると、700 歩でした。しゅんさんの家から駅までの道のりを、四捨五入して、上から 2 けたのがい数で求めましょう。

回	10 歩の長さ
1	6 m 23 cm
2	6 m 20 cm
3	6 m 18 cm
4	6 m 19 cm

とき方　10 歩の長さの平均を m で表すと、

$(6.23 + 6.20 + \boxed{} + 6.19) \div \boxed{} = \boxed{}$ (m)

しゅんさんの歩はばは $\boxed{} \div 10 = \boxed{}$ より、約 0.62 m

家から駅まで 700 歩だったから、道のりは

$0.62 \times 700 = \boxed{}$ より、約 $\boxed{}$ m

答え 約 $\boxed{}$ m

③ 右の表は、ふりこが 10 往復する時間をはかった記録です。ふりこが 1 往復する時間はおよそ何秒といえますか。四捨五入して、上から 2 けたのがい数で求めましょう。

式

教科書 129ページ

答え（　　　　　　　　）

回	1	2	3
時間（秒）	12.3	12.5	12.4

☆ 1 日に使う水の量を 5 日間調べると、右の表のようになりました。

❶ 5 日間の水の量の 3 日めとの差を下の表にまとめましょう。

❷ 1 日に平均で何 L の水を使いますか。

日	水の量（L）
1 日め	295
2 日め	310
3 日め	280
4 日め	285
5 日め	300

とき方　❶　それぞれの日の使った量から、3 日めの量をひきます。

答え

日	1 日め	2 日め	3 日め	4 日め	5 日め
水の量（L）	295	310	280	285	300
3 日めとの差（L）					

❷ 3 日めとの差の平均を求めると、　$(15 + \boxed{} + 0 + 5 + 20) \div \boxed{} = \boxed{}$

これを 3 日めの水の量にたすと、　$280 + \boxed{} = \boxed{}$

答え $\boxed{}$ L

④ 下の表は、こうじさんが 6 日間で読書をした時間をまとめたものです。1 日に平均で何分間読書をしますか。

教科書 130ページ

日	1 日め	2 日め	3 日め	4 日め	5 日め	6 日め
読書時間（分）	39	35	52	30	46	38
4 日めとの差（分）						

式

答え（　　　　　　　　）

ポイント　いくつかある数量をならすためには、合計÷個数を計算します。平均の考え方を使って、全体の量を予想することもできます。

練習のワーク

教科書 124～130ページ　　答え 12ページ

1 平均　あいこさんはアサガオのはちを 4 個持っています。下の表は、ある日に、①から④までのはちにさいた花の数を表したものです。この日に、1 つのはちに平均何個の花がさきましたか。

式

はちの番号	①	②	③	④
さいた花の数(個)	7	3	6	4

答え（　　　　　　　　）

2 平均　ある図書館で月曜日から金曜日までに貸し出した本の数を調べたら、下の表のようになりました。1 日あたりの平均を求めましょう。

曜日	月	火	水	木	金
本の数(さつ)	189	197	196	186	207

式

答え（　　　　　　　　）

3 平均のとり方　下の表は、けんたさんが立ちはばとびをした記録を表しています。4 回めは、くつがぬげてうまくとべませんでした。
けんたさんが、いつもどれくらいとぶのか、平均を求めましょう。

回	1	2	3	4	5
記録(cm)	158	146	160	93	156

式

答え（　　　　　　　　）

4 平均の利用　下の表は、6 枚いりの食パン 4 セットの重さを記録したものです。食パン 1 枚の重さはおよそ何 g といえますか。四捨五入して、上から 2 けたのがい数で表しましょう。

食パン	1	2	3	4
重さ(g)	342	343	345	342

式

答え（　　　　　　　　）

5 平均の利用　つとむさんは、学校に行くとちゅうにある橋の長さをはかるために、歩数を調べたところ、96 歩ありました。つとむさんの 1 歩の歩はばの平均は約 66 cm です。橋の長さは、およそ何 m ですか。四捨五入して、上から 2 けたのがい数で表しましょう。

式

答え（　　　　　　　　）

てびき

1 平均
平均＝全体の数÷はちの数

2 平均
月曜日から金曜日までに貸し出した本の合計を 5 でわれば、1 日あたりの平均さつ数を計算できます。

3 平均のとり方
ヒント☆
失敗したときの記録は考えません。

4 平均の利用
まず、表の重さから 6 枚あたりの重さの平均を求めます。
上から 2 けたのがい数にするときは、上から 3 けためを四捨五入します。

ちゅうい
表の重さの合計を 4 でわったものは、食パン 6 枚の重さの平均です。

5 平均の利用
1 歩の歩はば×歩数で、全体の長さが求められます。

　できるナビ　平均＝合計÷個数、合計＝平均×個数

まとめのテスト

時間 **20** 分

得点 ／100点

1 よく出る 右の表は、まゆみさんのサッカーチームの、5試合の得点を表しています。1試合の得点の平均は何点ですか。

試合	1	2	3	4	5
得点(点)	5	2	6	0	7

式

1つ10〔20点〕

答え (　　　　　　　　)

2 まゆみさんの1歩の歩はばは約56cmです。まゆみさんが近所の公園のまわりを1周したら、528歩でした。公園のまわりは、およそ何mですか。四捨五入して、上から2けたのがい数で表しましょう。

1つ10〔20点〕

式

答え (　　　　　　　　)

3 下の表は、ある飲食店で、1月から5月までの5か月間に使った米の量を表しています。

1つ10〔40点〕

月	1	2	3	4	5
米の量(kg)	121	130	115	127	124

❶ 1か月に平均で何kgの米を使いましたか。

式

答え (　　　　　　　　)

❷ 1年間では、およそ何kgの米を使うことになりますか。

式

答え (　　　　　　　　)

4 下の表は、ある週の最低気温をまとめたものです。この週の最低気温の平均を求めましょう。

1つ10〔20点〕

曜日	月	火	水	木	金	土	日
最低気温(度)	13.3	12.8	12.9	12.6	12.0	12.2	12.4
金曜日との差(度)							

式

答え (　　　　　　　　)

□ 平均を求めることができたかな？
□ 平均を使って、全体の量を求めることができたかな？

ふろくの「計算練習ノート」19ページをやろう！

61

勉強した日　月　日

学習の目標・
こみぐあいの比べ方、人口密度の計算のしかたを身につけよう。

1 単位量あたりの大きさ [その1]

基本のワーク

教科書 132〜139ページ　答え 13ページ

基本 ❶ こみぐあいは、どのようにして比べればよいかわかりますか。

☆ 右の表は、それぞれのクラブで使っている教室の面積と、クラブの人数を表しています。どちらのクラブがこんでいますか。

	クラブの人数（人）	教室の面積（m²）
いご	8	40
パソコン	15	60

とき方　どちらか一方の量をそろえます。
《1》　1 m² あたりの人数を比べました。
　いごクラブ…………8÷40＝ ▢
　パソコンクラブ……15÷60＝ ▢
《2》　1 人あたりの面積を比べました。
　いごクラブ…………40÷8＝ ▢
　パソコンクラブ……60÷15＝ ▢

答え ▢

❶ 右の表は、2 つの小学校の児童の人数と運動場の面積を表しています。全部の児童がそれぞれの運動場に出た場合に、どちらの運動場がこんでいるといえますか。

📖教科書 133ページ 1

	人数（人）	運動場の面積（m²）
南小学校	1060	26500
北小学校	870	17400

（　　　　　）

基本 ❷ 人口密度の計算のしかたがわかりますか。

☆ 右の表は、ある年の東京都と愛知県の人口と面積を表しています。両方の人口密度を、小数第一位を四捨五入して、整数で求めましょう。

	人口（人）	面積（km²）
東京都	14041000	2194
愛知県	7498000	5173

とき方　1 km² あたりの人口を、▢ といいます。

東京都…14041000÷2194＝6399.7…→ ▢
愛知県…7498000÷5173＝1449.4…→ ▢

答え 東京都 ▢ 人
　　　愛知県 ▢ 人

❷ 次のような町の人口密度を求めましょう。

📖教科書 136ページ 2

❶　面積が 78.4 km² で人口が 16072 人
　式

答え（　　　　　）

❷　面積が 243.8 km² で人口が 34132 人
　式

答え（　　　　　）

 2022 年では、日本で人口密度がいちばん高い都道府県は東京都、いちばん低いのは北海道なんだって。

☆ 12 個入りで 516 円のおかし A と、10 個入りで 400 円のおかし B があります。
1 個あたりのねだんは、どちらのほうが安いですか。

とき方 おかし 1 個あたりのねだんで比べます。
おかし A…516÷12＝□
おかし B…400÷10＝□
1 個あたりのねだんなどのような量を、単位量あたりの大きさといいます。

答え □

3 6 本で 750 円のペン A と、8 本で 1040 円のペン B では、1 本あたりのねだんはどちらのほうが高いですか。

📖 教科書 138ページ 4

式

単位量あたりの大きさを
求めて比べてみよう！

答え（　　　　　　　）

☆ 320g のねだんが 960 円のぶた肉があります。
1 このぶた肉 1g あたりのねだんは何円ですか。
2 このぶた肉 250g のねだんは何円ですか。
3 1350 円では、何 g のぶた肉が買えますか。

0 □		□ 960 1350 （円）
ねだん		
重さ		
0 1	250 320 □	（g）

とき方 ❶ 960÷□＝□
　　　　❷ 3×□＝□
　　　　❸ 1350÷□＝□

答え □ 円
答え □ 円
答え □ g

4 海水 5L あたり 125g の塩がとれます。

📖 教科書 139ページ 5

1 海水 8L から何 g の塩がとれますか。
式

答え（　　　　　　　）

2 塩を 225g つくるには何 L の海水がいりますか。
式

答え（　　　　　　　）

ポイント 「1 人あたり」とあれば、人数でわり、「1m² あたり」とあれば、面積でわります。

① **単位量あたりの大きさ [その2]**
② **速さ [その1]**

基本のワーク

教科書 140〜143ページ　答え 13ページ

基本 ❶ 単位量あたりの大きさを使って比べることができますか。

☆ Ａの工場では 5 分間で 70 個、Ｂの工場では 8 分間で 104 個の製品を生産します。製品をたくさん生産できるのは、どちらの工場ですか。

とき方 1 分あたりに生産できる個数で比べます。

A… 70 ÷ 5 ＝ ☐

B… ☐ ÷ ☐ ＝ ☐

答え ☐

---

1 Ａの機械は 30 分間で 480 本、Ｂの機械は 4 分間で 60 本のジュースをびんに入れることができます。

📖教科書 140ページ❻

❶ ジュースをたくさんのびんに入れることができるのはどちらの機械ですか。

式

答え（　　　　　　　）

❷ Ａの機械では、8 分間で何本のびんにジュースを入れることができますか。

式

答え（　　　　　　　）

基本 ❷ 速さはどのように比べればよいかわかりますか。

☆ さとしさんは 120m を 2 分間、ゆきさんは 150m を 3 分間で歩きました。さとしさんとゆきさんでは、どちらが速く歩きますか。

とき方 《1》 1m 歩くのにかかった時間を比べます。

さとしさん…2÷120＝ ☐
ゆきさん …3÷150＝ ☐

《2》 1 分間に歩いた道のりを比べます。

さとしさん…120÷2＝ ☐
ゆきさん …150÷3＝ ☐

1m 歩くのにかかった時間が ☐ いほうが速く、1 分間に歩いた道のりが ☐ いほうが速いので、 ☐ さんのほうが速いといえます。速さは、単位時間あたりの道のりで表し、速さ＝ ☐ ÷ ☐ で求めることができます。

答え ☐

たいせつ
速さ＝道のり÷時間

光の速さはおよそ秒速 30 万km で、これは 1 秒間に地球をおよそ 7 周半する速さだよ。

2 どちらが速いですか。

📖教科書 141ページ**1**

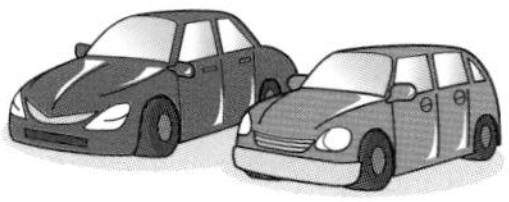

① １分間に、600ｍ走る自動車Ａと800ｍ走る自動車Ｂ

（　　　　　　　）

② １km 走るのに、3分かかる自転車Ｃと、2分50秒かかる自転車Ｄ

（　　　　　　　）

③ 5分で370ｍ歩くＥさんと、6分で450ｍ歩くＦさん

（　　　　　　　）

基本 3　速さはどのように表せばよいかわかりますか。

☆ 次の速さを求めましょう。

① 2時間で130km 走る自動車の時速　② 80ｍを16秒で走る人の秒速

とき方　時速…１ ☐ あたりに進む道のりで表した速さ
　　　　　分速…１ ☐ あたりに進む道のりで表した速さ
　　　　　秒速…１ ☐ あたりに進む道のりで表した速さ

① 130÷ ☐ ＝ ☐ 　　　　② ☐ ÷ ☐ ＝ ☐

答え 時速 ☐ km　　　　　**答え** 秒速 ☐ ｍ

---

3 次の速さを求めましょう。

📖教科書 143ページ**2**

① 320ｍを4分間で歩く人の分速
式

答え（　　　　　　　）

② 350ｍを25秒で走る自動車の秒速
式

答え（　　　　　　　）

③ 270km を5時間で走る自動車の時速
式

答え（　　　　　　　）

④ 117ｍを4.5秒で走るチーターの秒速
式

答え（　　　　　　　）

ポイント　速さ＝道のり÷時間をおぼえましょう。この式をもとにして「道のり＝…」「時間＝…」の形になおすと、道のりや時間も求めることができます。

勉強した日 月 日

② 速さ［その2］

基本のワーク

教科書 144~146、302~303ページ 答え 14ページ

学習の目標
速さの式から道のりや時間を求める計算ができるようになろう。

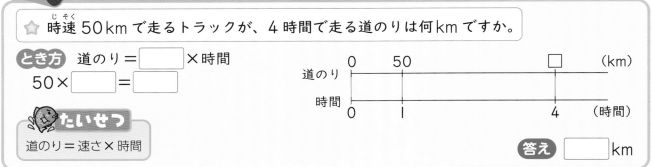

基本 ① 道のりは、どんな計算で求めればよいかわかりますか。

☆ 時速50kmで走るトラックが、4時間で走る道のりは何kmですか。

とき方 道のり＝□×時間
50×□＝□

たいせつ
道のり＝速さ×時間

答え □km

1 次の道のりを求めましょう。　📖教科書 144ページ❸

❶ 時速80kmで走る電車が、2.5時間で走る道のり
式

答え（　　　　）

❷ 秒速34mで飛ぶつばめが、15秒間に飛ぶ道のり
式

答え（　　　　）

❸ 分速50mで歩く人が、1時間に歩く道のり
式

答え（　　　　）

❹ 秒速約340mの音が、1分間にとどく道のり
式

答え（　　　　）

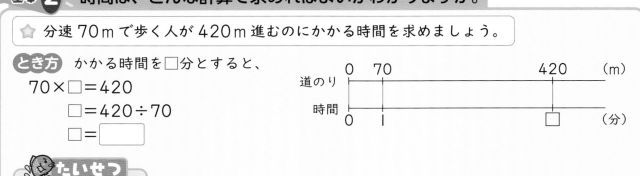

基本 ② 時間は、どんな計算で求めればよいかわかりますか。

☆ 分速70mで歩く人が420m進むのにかかる時間を求めましょう。

とき方 かかる時間を□分とすると、
70×□＝420
□＝420÷70
□＝□

たいせつ
時間＝道のり÷速さ

答え □分

 速さの単位にはほかにも、ノット（船の速さ）や回（回転の速さ）などがあるよ。光年は天体間のきょりを表す単位で、1光年は光が1年間に進むきょり（約9兆4600億km）だよ。

2 次の時間を求めましょう。　　　　　　　　　教科書 145ページ**4**

❶　時速 80km で走る電車が 160km 進むのにかかる時間

式

答え（　　　　　　　　　）

❷　1周 455m の池を、分速 70m で歩く人が 1 周するのにかかる時間

式

答え（　　　　　　　　　）

❸　時速 16km の自転車で 6.4km 進むのにかかる時間

式

答え（　　　　　　　　　）

基本 3　**2 人が出会うまでの時間の求め方がわかりますか。**

☆　しゅんさんとなほさんの家は 1500m はなれています。自分の家から相手の家に向かって、しゅんさんは分速 70m、なほさんは分速 80m で歩きます。2 人が同時に家を出発したとき、出会うのは出発してから何分後ですか。

しゅんさん　分速70m　なほさん　分速80m

1500m

1500m

とき方　2 人が 1 分間に近づく道のりは

70＋80＝ [　　] より、[　　] m です。

2 人が出発してから出会うまでに歩く道のりの合計は、

[　　] m になります。

2 人の家の間の道のりを、1 分間に 2 人が近づく道のりでわって時間を求めます。

1500÷[　　]＝[　　] より、[　　] 分後に 2 人は出会います。

答え [　　] 分後

3　弟が家を出発して 10 分たったとき、兄が、走って弟のあとを追いかけました。弟は分速 50m、兄は分速 150m で進んでいます。

教科書 303ページ

❶　兄と弟の間の道のりは、2 分間で何 m ちぢまりますか。

式

答え（　　　　　　　　　）

1 分間に 2 人がちぢまる道のりは、2 人の速さの差だね。

❷　兄が家を出発するとき、弟との道のりは何 m ですか。

式

答え（　　　　　　　　　）

❸　兄が家を出発してから何分後に弟に追いつきますか。

式

答え（　　　　　　　　　）

ポイント　2 人の間の道のり÷1 分間に 2 人が近づく道のり＝2 人が出会うまでの時間
2 人の間の道のり÷1 分間に 2 人がちぢまる道のり＝追いつくまでの時間

練習のワーク❶

教科書 132～148ページ　　答え 14ページ

できた数

／7問中

❶ こみぐあい 　12㎡ のプールでは 5 人の子どもが、15㎡ のプールでは 7 人の子どもが遊んでいます。どちらのプールがこんでいますか。

（　　　　　　　）

❷ 単位量あたりのねだん 　5 個で 920 円のりんごと、7 個で 1260 円のももがあります。1 個あたりのねだんはどちらのほうが安いですか。

式

答え（　　　　　　　）

❸ 単位量あたりの生産量 　A の機械では 3 分間で 42 個、B の機械では 5 分間で 65 個の製品を生産します。

❶　製品をたくさん生産できるのは、どちらの機械ですか。

式

答え（　　　　　　　）

❷　A の機械は、15 分間では何個の製品を生産できますか。

式

答え（　　　　　　　）

❹ 速さ 　自動車が高速道路 380km を 4 時間で走りました。この自動車の時速を求めましょう。

式

答え（　　　　　　　）

❺ 道のり 　次の道のりを求めましょう。

❶　分速 1.4km で走る列車が 25 分間に進む道のり。

式

答え（　　　　　　　）

❷　時速 72km の自動車が 2 時間 30 分で走る道のり。

式

答え（　　　　　　　）

てびき

❶ こみぐあい
こみぐあいを比べるには、2 とおりの方法があります。
1 1㎡ あたりの人数を比べる。
2 1 人あたりの面積を比べる。

❷ 単位量あたりのねだん
それぞれの 1 個あたりのねだんを計算で求めて比べます。

❸ 単位量あたりの生産量
❶ 1 分あたりに生産できる製品の数で比べます。
❷ 15 分間は 1 分間の 15 倍、3 分間の 5 倍です。

❹ 速さ

速さ
＝道のり÷時間

❺ 道のり

道のり
＝速さ×時間

❷ 2 時間 30 分
＝ 2.5 時間

できるナビ　何を単位量にするのか、問題をよく読んでまちがえないように気をつけましょう。

練習のワーク❷

教科書 132~148、302~303ページ ｜ 答え 14ページ

❶ 人口密度 右の表に表した、ある年のそれぞれの県の人口密度を、小数第一位を四捨五入して、整数で求めましょう。

	人口(人)	面積(km²)
宮城県	2280000	7282
大分県	1106000	6341

式

答え 宮城県 (　　　　　　　　) 大分県 (　　　　　　　　)

❷ 単位量あたりの大きさ 畑に 4m² あたり 2.8L の水をまきます。12.6L の水があるとき、何m² の畑に水をまけますか。

式

答え (　　　　　　　　)

❸ 速さ 時速 540km で飛ぶ飛行機について、次の問題に答えましょう。

① 分速何km ですか。

式

答え (　　　　　　　　)

② 秒速何m ですか。

式

答え (　　　　　　　　)

❹ 時間 次の時間を求めましょう。

① 分速 75m で歩く人が 1350m 歩くのにかかる時間。

式

答え (　　　　　　　　)

② 秒速 300m で飛ぶジェット機が、54km 進むのにかかる時間。

式

答え (　　　　　　　　)

❺ 2人が出会うまでの時間 なほさんの家と学校は 1200m はなれています。なほさんは家から学校に向かって分速 150m で走り、弟は学校から家に向かって分速 50m で歩きます。2人が同時に出発するとき、2人が出会うのは、出発してから何分後ですか。

式

答え (　　　　　　　　)

てびき

❶ 人口密度

単位面積あたりの人口を調べます。

たいせつ

人口密度
＝人口(人)÷
　面積(km²)

❷ 単位量あたりの大きさ

まず、1m² あたりにまく水の量を求めます。

❸ 速さ

1時間＝60分だから
分速＝時速÷60
1分＝60秒だから
秒速＝分速÷60

ちゅうい

単位が変わっていることに気をつけましょう。

❹ 時間

たいせつ

時間
＝道のり÷速さ

② 単位をそろえてから計算しましょう。

❺ 2人が出会うまでの時間

2人が1分間に近づく道のりは、2人の速さの和になります。

できるナビ 道のりや時間、速さの単位をそろえてから計算しましょう。

まとめのテスト❶

時間 20分

得点

/100点

教科書 132〜148ページ   答え 14ページ

1 右の表は、A市とB市の人口と面積を表しています。
2つの市の人口密度を、小数第一位を四捨五入して、整数で求めましょう。 1つ6〔18点〕

	人口(人)	面積(km²)
A市	425675	325
B市	315070	457

式

答え A市 (   )   B市 (   )

2 畑に 4m² あたり 480g の肥料をまきます。27m² の畑には、何g の肥料が必要ですか。
1つ6〔12点〕
式

答え (   )

3 Aの印刷機は 25 分間で 100 枚、Bの印刷機は 1 時間で 250 枚印刷できます。 1つ7〔28点〕
① たくさん印刷できるのは、どちらの印刷機ですか。
式

答え (   )

② Aの印刷機を使って 42 枚印刷するには、何分何秒かかりますか。
式

答え (   )

4 よく出る 30 分間に 2.5km 歩く人の速さは、時速何km ですか。 1つ7〔14点〕
式

答え (   )

5 家から駅までの道のりは 7.2km です。 1つ7〔28点〕
① 分速 240m の自転車では、家から駅まで何分かかりますか。
式

答え (   )

② 家から駅までバスに乗ると、15 分かかりました。バスの速さは時速何km ですか。
式

答え (   )

チェック ✓ □ 人口密度を求めることができたかな？
□ 速さや時間を求めることができたかな？

まとめのテスト❷

教科書 132~148、302~303ページ　答え 15ページ

時間 **20** 分

得点　　　/100点

1 よく出る 右の表は、ちあきさんの家となつきさんの家の田でとれた米の重さと田の面積を表しています。どちらの田のほうが米がよくとれたといえますか。　1つ7〔14点〕

式

	米の重さ(kg)	田の面積(m²)
ちあきさんの家	520	1000
なつきさんの家	690	1200

答え (　　　　　　　　　)

2 100g あたりのねだんが 350 円のチョコレートがあります。　1つ7〔28点〕

❶　このチョコレート 1.2kg のねだんは何円ですか。

式

答え (　　　　　　　　　)

❷　このチョコレートを 1960 円分買いました。買ったチョコレートの重さは何g ですか。

式

答え (　　　　　　　　　)

3 花火が見えてから、およそ 5 秒後に音が聞こえました。花火はおよそ何m はなれていたといえますか。音の速さは秒速約 340m、花火は開いたと同時に見えたとします。　1つ7〔14点〕

式

答え (　　　　　　　　　)

4 60km の道のりを自転車で 7 時間かけて往復しました。行きを時速 20km で走ったとすると、帰りは時速何km で走ったことになりますか。　1つ8〔16点〕

式

答え (　　　　　　　　　)

5 兄が家を出発して 18 分たったとき、弟が自転車で兄のあとを追いかけました。兄は分速 70m、弟は分速 250m で進んでいます。　1つ7〔28点〕

❶　弟が家を出発するとき、兄との間の道のりは何m ですか。

式

答え (　　　　　　　　　)

❷　弟が家を出発してから何分後に兄に追いつきますか。

式

答え (　　　　　　　　　)

チェック ☑　□ 単位あたりの大きさの計算ができたかな？
　　　　　　　□ 追いつくまでの時間を求めることができたかな？

ふろくの「計算練習ノート」20~22 ページをやろう！

① 平行四辺形の面積

基本のワーク

教科書 150〜156ページ　答え 15ページ

ふくしゅう　できるかな？

例　次の長方形の面積を求めましょう。

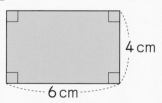

4cm
6cm

考え方　長方形の面積＝たて×横

たての長さが 4cm、横の長さが 6cm

だから、この長方形の面積は、

$4×6＝24(cm^2)$

問題　次の図形の面積を求めましょう。

①

3cm
7cm

②

4cm
4cm

基本①　平行四辺形の面積を求めることができますか。

☆　右の平行四辺形の面積は何 cm^2 ですか。

とき方　平行四辺形は長方形に形を変えて、面積を求めることができます。

《1》　→

《2》　→

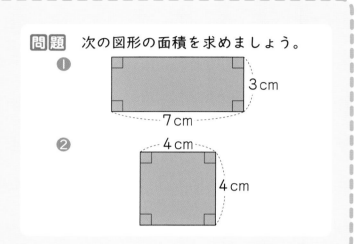

1cm
1cm

　平行四辺形では、1つの辺を底辺とするとき、その辺と、それに平行な辺との間の垂直な直線の長さを □ といいます。

たいせつ

平行四辺形の面積＝ □ × □ だから

$5× □ ＝ □$

高さ　高さ　高さ　底辺
底辺　底辺

答え □ cm^2

1 下のような平行四辺形の面積を求めましょう。

教科書 153ページ②

①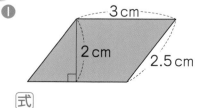

3cm
2cm
2.5cm

式

②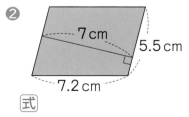

7cm
5.5cm
7.2cm

式

答え（　　　　　）

答え（　　　　　）

 **基本①** のように、面積を変えないで形を変えることを、等積変形というよ。

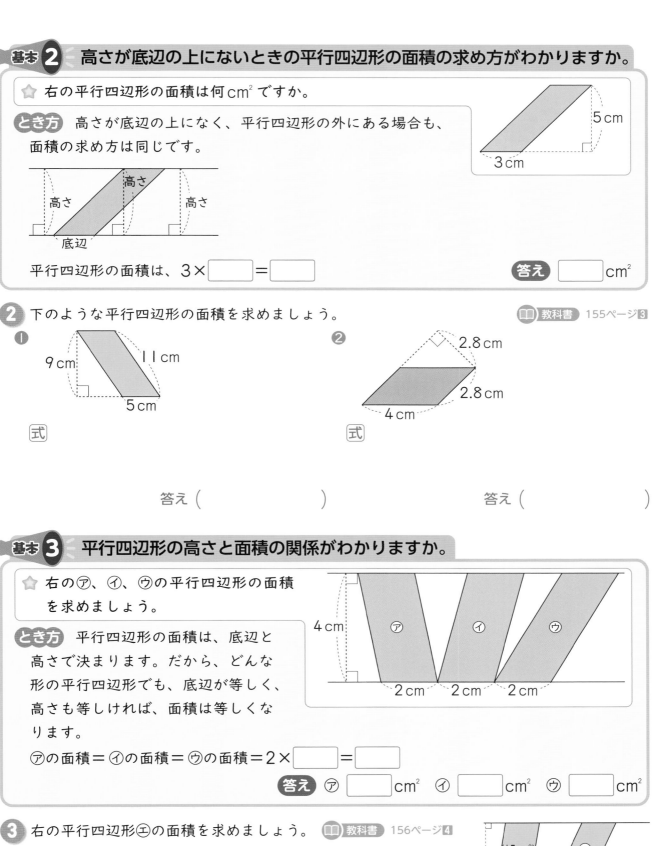

基本 **2** 高さが底辺の上にないときの平行四辺形の面積の求め方がわかりますか。

☆ 右の平行四辺形の面積は何 cm² ですか。

とき方 高さが底辺の上になく、平行四辺形の外にある場合も、面積の求め方は同じです。

高さ 高さ 底辺 高さ 高さ

5 cm
3 cm

平行四辺形の面積は、3×□＝□ 　答え □ cm²

2 下のような平行四辺形の面積を求めましょう。 教科書 155ページ 3

① 9 cm　11 cm　5 cm

② 2.8 cm　2.8 cm　4 cm

式　　　　　　　　　　　　　　　　　式

答え（　　　　　　）　　　　　　答え（　　　　　　）

基本 **3** 平行四辺形の高さと面積の関係がわかりますか。

☆ 右の⑦、⑦、⑦の平行四辺形の面積を求めましょう。

とき方 平行四辺形の面積は、底辺と高さで決まります。だから、どんな形の平行四辺形でも、底辺が等しく、高さも等しければ、面積は等しくなります。

4 cm　⑦　⑦　⑦
2 cm　2 cm　2 cm

⑦の面積＝⑦の面積＝⑦の面積＝2×□＝□

答え ⑦ □ cm²　⑦ □ cm²　⑦ □ cm²

3 右の平行四辺形⑦の面積を求めましょう。 教科書 156ページ 4

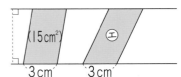
(15cm²)　⑦
3 cm　3 cm

（　　　　　　　　　）

ポイント 高さをしめす数字が、平行四辺形の中にあっても外にあっても、計算方法は同じです。
平行四辺形の面積＝底辺×高さ

② 三角形の面積

基本のワーク

学習の目標
三角形の面積の求め方を身につけよう。

基本❶　三角形の面積を求めることができますか。

☆　右の三角形の面積は何cm²ですか。

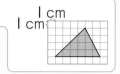

とき方　三角形は、長方形や平行四辺形をもとにして、面積を求めることができます。

《1》上の部分の三角形を切って動かす

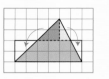 →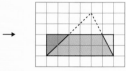

《2》同じ三角形を2つあわせる

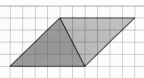

たいせつ
三角形の面積
＝底辺×高さ÷2

高さ
底辺

三角形では、1つの辺を底辺とするとき、それに向かいあった頂点から底辺に垂直にひいた直線の長さを [　　] といいます。

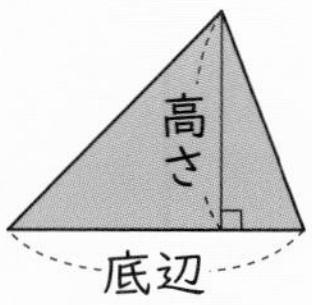

三角形の面積＝[　　]×[　　]÷2 だから、

6×[　　]÷2=[　　]

答え [　　]cm²

❶ 下のような三角形の面積を求めましょう。

📖教科書 159ページ②

① 式

4 cm
7 cm

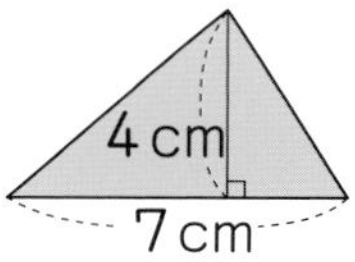

② 式
7 cm
5 cm
8 cm

答え（　　　　　）　　　答え（　　　　　）

③ 式
4 cm
4 cm

④ 式
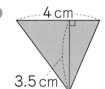
4 cm
3.5 cm

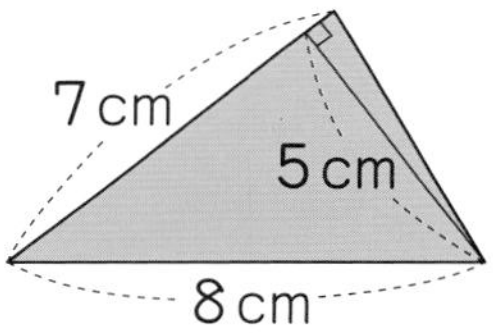

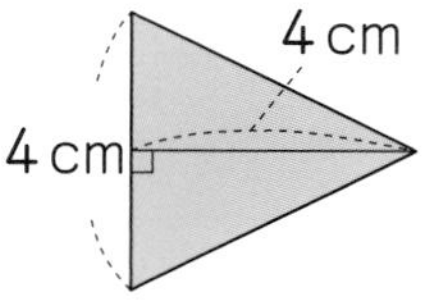

答え（　　　　　）　　　答え（　　　　　）

さんすうはかせ　三角形は、英語ではtriangle（トライアングル）というよ。「tri」が「3つの」、「angle」が「角」という意味なんだって。

高さが底辺の上にないときの三角形の面積の求め方がわかりますか。

☆ 右の三角形の面積は何cm² ですか。

とき方 高さが底辺の上になく、三角形の外にある場合も、面積の求め方は同じです。

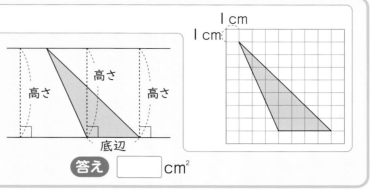

三角形の面積は、

$4 \times \boxed{} \div 2 = \boxed{}$

答え $\boxed{}$ cm²

② 下のような三角形の面積を求めましょう。　📖教科書 161ページ3

❶

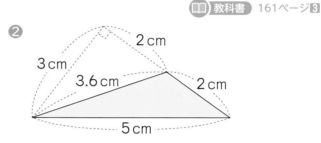

6 cm

3 cm　4 cm

式

答え （　　　　　　　）

❷

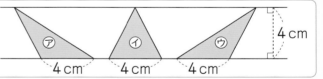

2 cm
3 cm
3.6 cm　2 cm
5 cm

式

答え （　　　　　　　）

三角形の高さと面積の関係がわかりますか。

☆ 右の三角形㋐、㋑、㋒の面積を求めましょう。

4 cm
㋐　㋑　㋒
4 cm　4 cm　4 cm

とき方 三角形の面積は、底辺と高さで決まります。だから、どんな形の三角形でも、底辺の長さが等しく、高さも等しければ、面積は等しくなります。

㋐の面積＝㋑の面積＝㋒の面積＝$4 \times \boxed{} \div \boxed{} = \boxed{}$

答え ㋐ $\boxed{}$ cm²　㋑ $\boxed{}$ cm²　㋒ $\boxed{}$ cm²

③ 下の三角形㋓の面積を求めましょう。　📖教科書 162ページ4

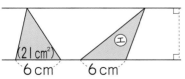

(21 cm²)
6 cm　6 cm　㋓

三角形も底辺と高さが変わらなければ、面積は同じだよ。

（　　　　　　　）

ポイント 三角形の面積を求める公式は覚えておきましょう。底辺や高さが小数であっても式にあてはめて計算できます。

学習の目標・
台形やひし形などの面積の求め方を身につけよう。

③ いろいろな図形の面積

教科書 163〜169ページ　答え 15ページ

基本 1 台形の面積を求めることができますか。

☆ 下の台形の面積は何cm² ですか。

1cm
1cm

《1》 三角形2つに分ける

ア　イ

《2》 同じ台形を2つあわせる

とき方 台形は、三角形や平行四辺形をもとにして、面積を求めることができます。台形では、平行な2つの辺の一方を上底、もう一方を □ といいます。

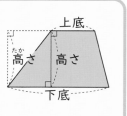

上底
高さ　高さ
下底

また、上底と下底の間の垂直な直線の長さを □ といいます。

台形の面積＝（ □ ＋ □ ）× □ ÷2
だから、（3＋ □ ）× □ ÷2＝ □

答え □ cm²

1 下のような台形の面積を求めましょう。

教科書 165ページ 2

❶
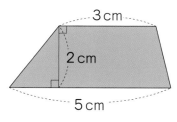
3cm
2cm
5cm

式

答え（　　　　　　）

❷
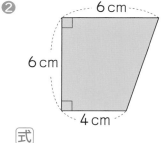
6cm
6cm
4cm

式

答え（　　　　　　）

❸
7.8cm
7cm
2cm
6cm

式

答え（　　　　　　）

❹
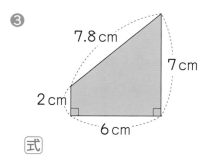
3cm
5cm
4cm

式

答え（　　　　　　）

さんすうはかせ　台形は、英語ではtrapezoid（トラペゾイド）といって、ギリシャ語で「テーブル」を意味する「trapeza」からきているんだって。英語では「テーブル形」なんだね。

基本2 ひし形の面積を求めることができますか。

☆ 下のひし形の面積は何 cm^2 ですか。

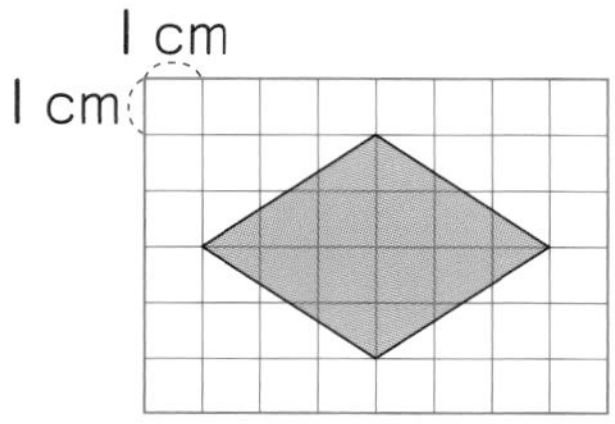

とき方 ひし形は、三角形や長方形をもとにして、面積を求めることができます。

ひし形の面積＝□×□÷2 だから、

求めるひし形の面積は、□×□÷2＝□

《1》

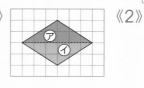

《2》

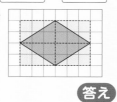

答え □ cm^2

2 下のようなひし形の面積を求めましょう。 教科書 166ページ3

❶

式

答え（　　　　　）

❷

式

答え（　　　　　）

基本3 平行四辺形の高さと面積の関係がわかりますか。

☆ 右の図のように、底辺が 3 cm の平行四辺形があります。高さを□cm、面積を△cm^2 として、□と△の関係を式に表しましょう。また、高さと面積は比例していますか。

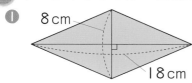

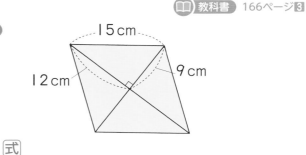

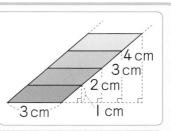

とき方 平行四辺形の面積＝底辺×□ だから、

3×□＝△

また、高さが 2 倍、3 倍、…になると、

平行四辺形の面積は□倍、□倍、…

になるから、高さと面積は□しています。

高さ(cm)	1	2	3	4	5
面積(cm^2)					

答え 式□　□

3 右の図のように、三角形の底辺の長さはそのままで、高さを変えるとき、下の問題に答えましょう。 教科書 169ページ4

❶ 下の表にあてはまる数をかきましょう。

高さ(cm)	1	2	3	4	5
面積(cm^2)					

❷ 高さを□cm、面積を△cm^2 として、□と△の関係を式に表しましょう。

（　　　　　）

ポイント 平行四辺形は上底と下底が等しい台形、三角形は上底が 0 cm の台形と考えると、いずれの面積も台形の面積の公式で求められます。

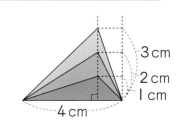

⑪ 面積の求め方を考えよう　図形の面積

練習のワーク

教科書 150〜171ページ　　答え 15ページ

できた数

／12問中

1 図形の面積　下のような図形の面積を求めましょう。

① 平行四辺形

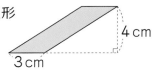
4 cm
7 cm

② 平行四辺形

4 cm
3 cm

（　　　　　　　　）　（　　　　　　　　）

③
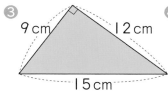
9 cm　12 cm
15 cm

④
2 cm
8 cm　7 cm

⑤
3 cm　4 cm
2.2 cm

（　　　　　　　）（　　　　　　　）（　　　　　　　）

2 三角形の面積と高さ　長方形の中に三角形ABCと三角形DBCをかきました。どちらの三角形の面積が大きいですか。

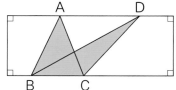
A　　D
B　C

（　　　　　　　　）

3 四角形の面積　下のような図形の面積を求めましょう。
（⑥は色のついたところ）

①
3 cm
3.5 cm
5 cm

②
2.5 cm
4 cm
4.5 cm

③ ひし形
9 cm
24 cm

（　　　　　　　）（　　　　　　　）（　　　　　　　）

④ ひし形
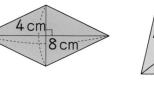
4 cm
8 cm

⑤ ひし形

4 cm　5 cm

⑥
9 cm
6 cm
3 cm
4 cm

（　　　　　　　）（　　　　　　　）（　　　　　　　）

てびき

1 図形の面積
平行四辺形の面積
　＝底辺×高さ
三角形の面積
　＝底辺×高さ÷2

2 三角形の面積と高さ

ヒント
底辺と高さが同じであれば、三角形の面積はすべて等しくなります。

3 四角形の面積
次のように、くふうして計算しましょう。
①② 台形の面積
　＝(上底＋下底)
　　×高さ÷2

③④ ひし形の面積
　＝対角線×対角線
　÷2

⑤ ひし形なので、まずは対角線の長さを考えます。

⑥ 長方形の対角線をひいて、2つの三角形に分けて考えます。

できるナビ　平行四辺形や三角形の面積は、底辺と高さで決まります。

まとめのテスト

学習の目標・
正多角形の性質を理解
し、かけるようにしよ
う。

① **正多角形**

基本のワーク

教科書 174〜181ページ　答え 16ページ

基本❶ 正多角形とはどんな図形かわかりますか。

☆ 右の図形について答えましょう。
❶ 辺や角はそれぞれいくつありますか。
❷ この図形を何といいますか。

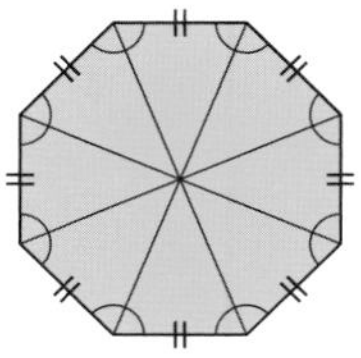

とき方 ❶ 辺や角はそれぞれ □ つあり、□ つの辺の

長さはすべて □ しく、□ つの角の大きさもすべて □ しくなっています。

❷ 辺の長さがすべて等しく、角の大きさもすべて等しい多角形を、□ といいま

す。正多角形は、辺の数によって、正三角形、正方形（正四角形）、正五角形、正六角形、

…などといいます。　**答え** ❶ 辺… □ つ　角… □ つ　❷ □

❶ 下のような図形を、それぞれ何といいますか。　📖教科書 175ページ１

①

②

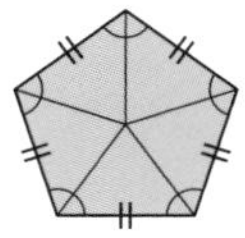

（　　　　　　）　　　　　　　　　　　　　　　　（　　　　　　）

基本❷ 円を使って正多角形がかけますか。

☆ 円を使って、正五角形をかきます。
❶ 円の中心の角を、何度ずつに分ければよいですか。
❷ 三角形AOB は、どのような三角形ですか。
❸ 角OAB、角OBA などは、すべて何度ですか。

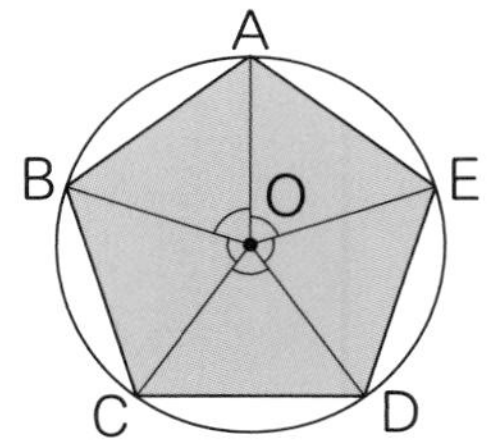

とき方 正多角形は、円の中心の角を等分するように半径をかき、

円のまわりと交わった点を、直線で順に結んでかくことができます。

❶ □°÷□ ＝ □°

❷ 辺OA と辺OB はともに円の半径で等しくなっているから、三角形AOB は □ 三

角形です。

❸ 辺OA と辺AB の間の角を、角OAB といいます。角AOB が □°だから、

（180°− □°）÷2＝ □°　**答え** ❶ □°　❷ □　❸ □°

❷ 右の円を使って、正方形をかきましょう。　📖教科書 177ページ２

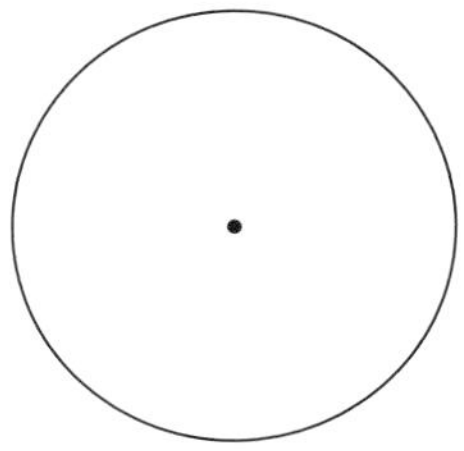

正多角形のすべての頂点を通る円を、この正多角形の外側で接するという意味で**外接円**、
この円の中心をその正多角形の**外心**というよ。

正六角形とはどんな形かわかりますか。

☆ 円を使って、正六角形をかきました。
三角形AOBは、どんな三角形ですか。

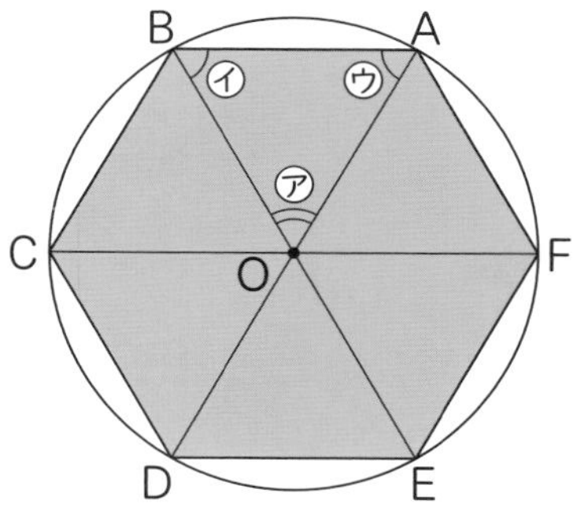

とき方 ⑦の角度は、□ °÷6=□ °

辺OAと辺OBはともに円の半径で等しく、三角形AOBは二等辺三角形だから、⑦と⑦の角度は等しくなります。

(180° − □ °)÷2=□ °

⑦、⑦、⑦の角度がすべて□ °で等しくなるから、三角形AOBは□ 三角形です。

答え □

3 1辺の長さが2cmの正六角形をかきましょう。

📖 **教科書** 178ページ 3

> 円を使って正六角形をかくと、正六角形の1辺の長さは、半径の長さと同じだね。
> 半径2cmの円をかいて、円のまわりをコンパスで2cmずつに区切ってみよう。

正多角形をかくプログラムをつくれますか。

☆ 右のプログラムを使って、1辺の長さが30の正三角形をかきます。⑦から⑦にあてはまる数を答えましょう。

⑦ 回くり返す
　⑦ 歩動かす
　⑦ 度まわす

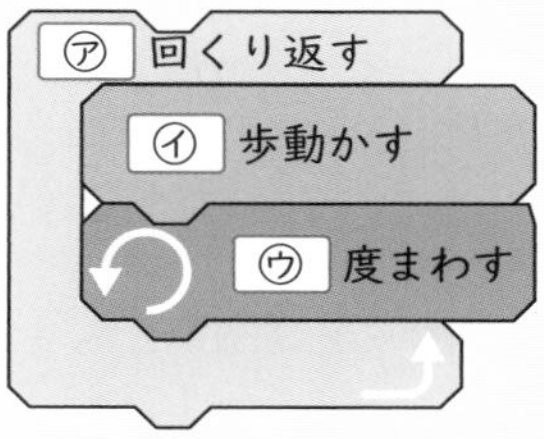

とき方 正三角形は、同じ長さの辺が3本、同じ大きさの角が3つだから、くり返しは□ 回になります。

1辺の長さが30だから、□ 歩動かし、正三角形の1つの角は□ °だから、□ °まわします。

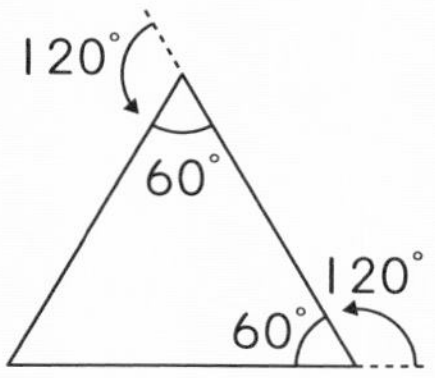

答え ⑦ □　　⑦ □　　⑦ □

4 **基本4** のプログラムを使って次の図形をかくとき、⑦から⑦にあてはまる数を答えましょう。

❶ 1辺の長さが25の正方形

📖 **教科書** 179ページ 4

⑦ (　　　　　)　⑦ (　　　　　)　⑦ (　　　　　)

❷ 1辺の長さが80の正五角形

⑦ (　　　　　)　⑦ (　　　　　)　⑦ (　　　　　)

ポイント 円を使って正■角形をかくときは、円の中心のまわりの角を■等分するから、360°÷■を計算すればよいことになります。

勉強した日 ▶　　月　　日

学習の目標
直径の長さと円周の長さの関係を理解しよう。

② 円周と直径

基本のワーク

教科書 182～187ページ　　答え 16ページ

基本 ① 円周率の計算をすることができますか。

☆ 右の図の正方形と正六角形のまわりの長さと円周の長さについて、次の問題に答えましょう。

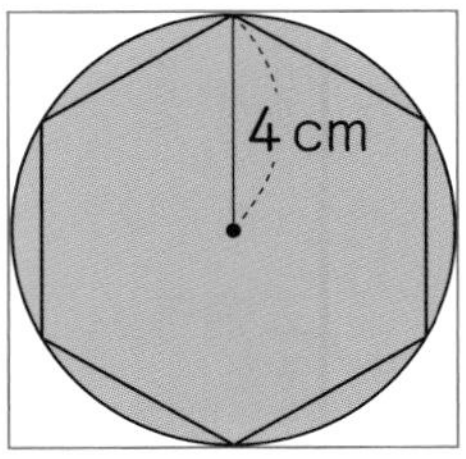

❶ □にあてはまる数を答えましょう。

正六角形のまわりの長さは □ cm で、円の直径の長さの □ 倍、正方形のまわりの長さは □ cm で、円の直径の長さの □ 倍です。

❷ 円周の長さを求めましょう。

4cm

とき方 ❶ 正六角形の１辺の長さは円の □ の長さと等しいから、正六角形のまわりの長さは、円の直径の長さの □ 倍です。

正六角形のまわりの長さ＝4×2× □ ＝ □ （cm）

正方形の１辺の長さは円の □ の長さと等しいから、正方形のまわりの長さは、円の直径の長さの □ 倍です。

正方形のまわりの長さ＝8× □ ＝ □ （cm）

答え 問題の □ にかく。

たいせつ
円周＝直径×円周率
円周＝半径×2×円周率

❷ 円周の長さが直径の長さの何倍になっているかを表す数を、 □ といいます。

円周率＝円周÷ □

どんな円でも円周率は同じで、3.14159…となりますが、ふつうは 3.14 を使います。

円周＝ □ ×円周率

円周＝半径× □ ×円周率

求める円周の長さは、4× □ ×3.14＝ □ （cm）　　**答え** □ cm

---

❶ 下の円の円周の長さを求めましょう。　　📖 教科書 184ページ❷

❶ 直径 10cm の円

式

答え（　　　　　）

❷ 直径 4.5cm の円

式

答え（　　　　　）

❸ 半径 4cm の円

式

答え（　　　　　）

❹ 半径 2.5cm の円

式

答え（　　　　　）

❺ 　12cm

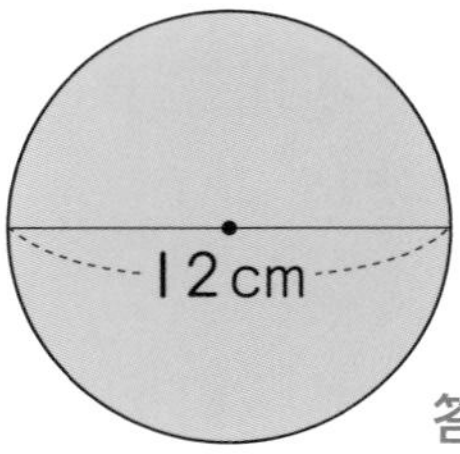

式

答え（　　　　　）

❻ 　2cm

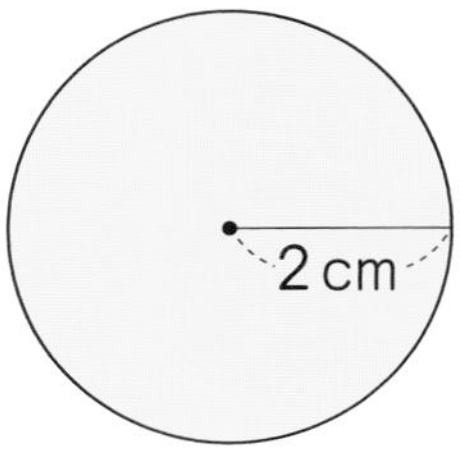

式

答え（　　　　　）

さんすうはかせ 円周率は、2022年6月に日本の科学者がコンピュータを使って、小数点以下 100兆けたまで計算したよ。計算するのに 158日もかかったんだよ。

基本 2 円周の長さから円の直径や半径の長さが求められますか。

☆ 庭に、1周15mの円形の花だんをつくろうと思います。直径の長さを約何mにすればよいですか。答えは、上から2けたのがい数で表しましょう。

とき方 円周＝□×円周率だから、直径＝円周÷□

15÷□＝4.77…

答え 約□m

2 次の長さを求めましょう。　　　　　　　　📖 教科書 186ページ❸❹

① 円周の長さが43.96cmの円の直径の長さ

式

答え（　　　　　　　）

② 円周の長さが219.8cmの円の半径の長さ

式

答え（　　　　　　　）

3 円周の長さが34.54cmの円と、50.24cmの円があります。2つの円の直径の長さのちがいは何cmですか。　　　　　📖 教科書 186ページ❸❹

式

答え（　　　　　　　）

基本 3 半径の長さを変えていくと、円周の長さはどのように変化するかわかりますか。

☆ 半径の長さを□cm、円周の長さを△cmとします。
① □と△の関係を式に表しましょう。
② 半径の長さが1cmずつ長くなると、円周の長さは何cmずつ長くなりますか。

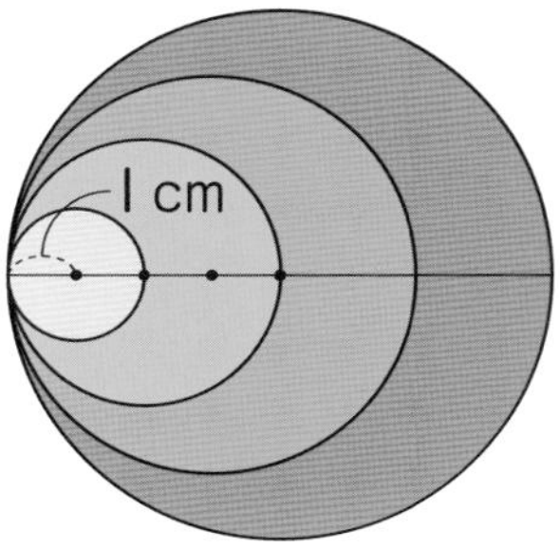

とき方

半径□(cm)	1	2	3	4	5
円周△(cm)	6.28	12.56	18.84	25.12	31.4

半径が2倍、3倍、…になると、円周も2倍、□倍、…になります。

答え ① ＿＿＿＿＿＿＿＿　② □cmずつ長くなる。

4 右のように半径8cmの円と直径8cmの円をかきました。大きい円の円周の長さは、小さい円の円周の長さの何倍ですか。

📖 教科書 187ページ❺

（　　　　　　　）

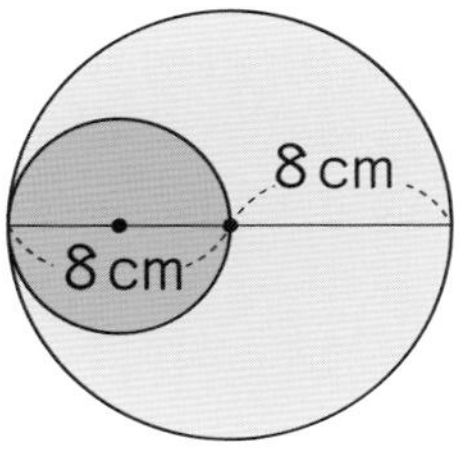

ポイント 円周＝直径×円周率(3.14)
　　　　　　円周＝半径×2×円周率(3.14)

⑫ 円をくわしく調べよう 正多角形と円

練習のワーク

教科書 174〜190ページ 答え 17ページ

できた数

/9問中

1 正六角形の角 円の中心の角を等分する方法で正六角形をかきます。

❶ 円の中心の角を、何度ずつに分ければよいですか。

( )

❷ ㋐の角度は何度ですか。

( )

❸ ㋑の角度は何度ですか。

( )

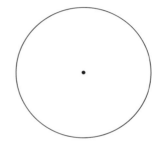

2 正五角形 右の円を使って、正五角形をかきましょう。

3 円周の長さ 次の円周の長さを求めましょう。

❶ 直径 7cm の円の円周の長さ

式

答え ( )

❷ 半径 5cm の円の円周の長さ

式

答え ( )

4 円周率 次の長さを求めましょう。

❶ 円周の長さが 56.52cm の円の直径の長さ

式

答え ( )

❷ 円周の長さが 47.1cm の円の半径の長さ

式

答え ( )

5 円周から直径を求める 大きな円の形をした池のまわりの長さをはかると 87m ありました。この池の直径は約何mですか。答えは、上から 2 けたのがい数で表しましょう。

式

答え ( )

1 正六角形の角

❶ 円の中心のまわりの角は 360°

❷❸ 正六角形の頂点と円の中心を結んでできる三角形は、正三角形です。

2 正五角形

円の中心のまわりの角を 5 等分すると、
360°÷5＝72°

ヒント

分度器を使い、中心の角を 72°ずつ区切った線と円が交わった点どうしを結びます。

3 円周の長さ

たいせつ

円周＝直径 ×円周率
＝半径×2 ×円周率

直径と半径をまちがえないようにしよう。

4 5 円周率

円周＝直径×円周率から、直径＝円周÷円周率で求めます。円周率は 3.14 を使います。

できるナビ 円周や直径の長さを求めるとき、円周率 3.14 のかわりに 3 を使って計算すると、およその長さが求められるから、大きな計算ミスをしていないか暗算で確かめるのに便利だよ。

まとめのテスト

1 円を使って、正八角形をかきました。　　　　　　　　1つ4〔12点〕

❶ ㋐の角度は何度ですか。

式

答え（　　　　　　　　）

❷ 三角形AOB は、どんな三角形ですか。

（　　　　　　　　　　　）

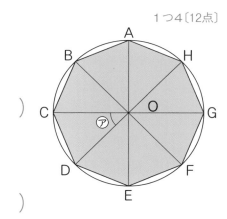

2 よく出る 次の長さを求めましょう。　　　　　　　　1つ6〔60点〕

❶ 直径 15m の円の円周の長さ

式

答え（　　　　　　　）

❷ 半径 5.5cm の円の円周の長さ

式

答え（　　　　　　　）

❸ 円周が 37.68cm の円の直径の長さ

式

答え（　　　　　　　）

❹ 円周が 40.82m の円の半径の長さ

式

答え（　　　　　　　）

❺ 右のような図形の周の長さ

式

答え（　　　　　　　）

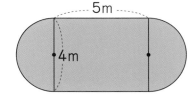

3 円周が 30m の円を運動場にかきます。半径の長さを約何 m にすればよいですか。答えは、上から 2 けたのがい数で表しましょう。　　　　　　　　1つ7〔14点〕

式

答え（　　　　　　　）

4 車輪の直径が 66cm の自転車があります。この自転車の車輪が 40 回回転すると、自転車は、約何 m 進みますか。上から 2 けたのがい数で求めましょう。　　　　　　　　1つ7〔14点〕

式

答え（　　　　　　　）

ふろくの「計算練習ノート」27ページをやろう！

倍の計算を考えよう

基本のワーク

教科書　192〜195ページ　　答え　17ページ

基本 ①　ある大きさの何倍か求められますか。

☆　まいさんの家から学校までの道のりは 1.4km です。また、駅までの道のりは 2.1km です。駅までの道のりは、学校までの道のりの何倍になりますか。

とき方　家から駅までの道のりを、学校までの道のりの□倍とすると、

$1.4 × □ = 2.1$

$□ = 2.1 ÷ 1.4 = \boxed{}$

道のり　0　　　1.4　2.1　(km)

倍　0　　　1　　□　(倍)

答え □ 倍

① A のバケツには 17.5L の水がはいります。B のバケツには 14L の水がはいります。B のバケツには A のバケツの何倍の水がはいりますか。

📖教科書　193ページ❶

式

答え（　　　　　　　）

② ゆきこさんのえんぴつの長さは 17.1cm です。お父さんのえんぴつの長さは、ゆきこさんのえんぴつの長さの 0.7 倍です。お父さんのえんぴつの長さは何 cm ですか。

📖教科書　194ページ❷

式

答え（　　　　　　　）

基本 ②　1 にあたる量はどのように求めればよいかわかりますか。

☆　1 本 360 円のシャープペンシルがあります。これは、えんぴつ 1 本のねだんの 2.4 倍にあたるそうです。えんぴつ 1 本のねだんは何円ですか。

とき方　えんぴつ 1 本のねだんを□円とすると、

$□ × \boxed{} = 360$

$□ = 360 ÷ 2.4 = \boxed{}$

答え □ 円

ねだん　0　　□　　360(円)

倍　0　　1　　2.4 (倍)

③ ひろきさんの身長は 150cm です。これは、弟の身長の 1.2 倍にあたります。弟の身長は、何 cm ですか。

📖教科書　195ページ❸

式

答え（　　　　　　　）

ポイント　まず、調べたい数を□とおいて、文章に出てくるとおりに式をつくります。次に「□=…」という式に変形しましょう。

まとめのテスト

時間 **20**分

得点　　　/100点

教科書 192〜195ページ　答え 17ページ

1 こうじさんの家から公園までの道のりは 3.6km で、駅までの道のりは 5.4km です。また、小学校までの道のりは 2.7km です。　　　　　　　　　　　　　　　　　　　　1つ7〔28点〕

❶　駅までの道のりは、公園までの道のりの何倍ですか。

式

答え（　　　　　　　　）

❷　小学校までの道のりは、公園までの道のりの何倍ですか。

式

答え（　　　　　　　　）

2 びんには 4.8dL の水がはいります。コップには、びんの 0.4 倍の水がはいります。コップにはいる水の量を求めましょう。　　　　　　　　　　　　　　　　　　　　1つ8〔16点〕

式

答え（　　　　　　　　）

3 120 円のえんぴつがあります。これはボールペンのねだんの 0.8 倍で、けしゴムのねだんの 1.5 倍にあたります。　　　　　　　　　　　　　　　　　　　　1つ7〔28点〕

❶　ボールペンのねだんは何円ですか。

式

答え（　　　　　　　　）

❷　けしゴムのねだんは何円ですか。

式

答え（　　　　　　　　）

4 A市の面積は 17.4km² で、B市の面積は 11.6km² です。また、A市の面積は、C市の面積の 0.6 倍にあたります。　　　　　　　　　　　　　　　　　　　　1つ7〔28点〕

❶　A市の面積は、B市の面積の何倍になりますか。

式

答え（　　　　　　　　）

❷　C市の面積は何km² ですか。

式

答え（　　　　　　　　）

□ 倍で表された関係を式にできたかな？
□ 小数のかけ算やわり算ができたかな？

⑭ 分数と小数、整数の関係を調べよう　分数と小数、整数

① わり算と分数　　② 分数倍
③ 分数と小数、整数 [その1]

基本のワーク

学習の目標・
商を分数で表したり、分数を小数で表したりできるようになろう。

教科書 200～206ページ　　答え 17ページ

基本 ❶ わり算の商を分数で表せますか。

☆ 2mのテープを3等分すると、1つ分の長さは何mになりますか。

とき方

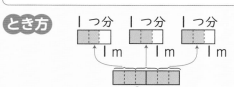

1つ分は、$\frac{1}{3}$mの2つ分で$\frac{\square}{3}$mだから、

$2 \div 3 = \boxed{}$

答え $\boxed{}$ m

🐟 **たいせつ**

わり算の商は、分数で表すことができます。
わられる数が分子、わる数が分母になります。 $\triangle \div \bigcirc = \frac{\triangle}{\bigcirc}$

---

❶ 商を分数で表しましょう。

📖 教科書 202ページ ❶

① 1÷5　　② 6÷7　　③ 8÷5　　④ 18÷11

（　　　）　　（　　　）　　（　　　）　　（　　　）

❷ □にあてはまる数をかきましょう。

📖 教科書 202ページ ❷

① $\frac{2}{7} = \boxed{} \div 7$　　② $\frac{3}{11} = 3 \div \boxed{}$　　③ $\frac{4}{9} = \boxed{} \div 9$

基本 ❷ 分数で何倍かを表すことができますか。

☆ 青、赤、白のテープがあります。青のテープは10m、赤のテープは7m、白のテープは4mあります。赤のテープの長さをもとにすると、青のテープと白のテープの長さは、それぞれ何倍になりますか。

とき方

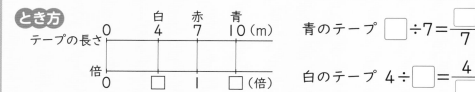

青のテープ $\boxed{} \div 7 = \frac{\square}{7}$　　**答え** $\boxed{}$ 倍

白のテープ $4 \div \boxed{} = \frac{4}{\square}$　　**答え** $\boxed{}$ 倍

🐟 **たいせつ**

分数でも何倍かを表すことができます。$\frac{7}{10}$倍は、10mを1としてみたとき、7mが$\frac{7}{10}$にあたることを表します。

88

さんすうはかせ　帯分数の表し方は、古代インドで発明されたといわれているよ。ただし、分母と分子の間の横ぼうはなかったんだって。

③ 次の問題に答えましょう。 📖 教科書 203ページ**1**

① 8kg は 3kg の何倍ですか。

式

答え（　　　　　　　　　）

② 5m は 7m の何倍ですか。

式

答え（　　　　　　　　　）

③ 水がAの容器に 7L、Bの容器に 9L はいっています。Aの容器にはいっている水の量は、Bの容器の水の量の何倍ですか。

式

答え（　　　　　　　　　）

基本 ③ 分数を小数で表すことができますか。

☆ 4L のジュースを 5人で等分します。1人分は何L になりますか。答えを分数と小数で表しましょう。

とき方 $4÷5=\dfrac{□}{□}$（L）、$4÷5=□$（L）

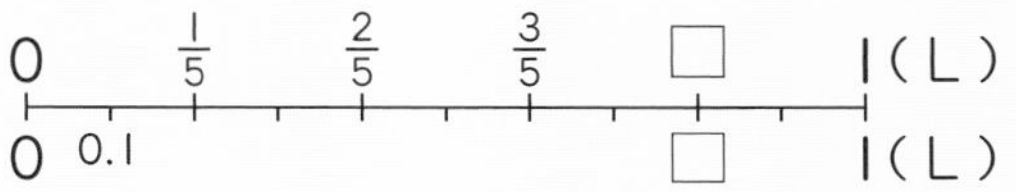

たいせつ
分数を小数で表すには、分子を分母でわります。 $\dfrac{△}{○}=△÷○$

答え 分数 □ L　　小数 □ L

---

④ 5m のリボンを 8等分します。1本分の長さは何m ですか。答えを分数と小数で表しましょう。

📖 教科書 206ページ**1**

式

答え 分数（　　　　　　　） 小数（　　　　　　　）

---

⑤ 次の分数を小数で表しましょう。 📖 教科書 206ページ**2**

① $\dfrac{1}{5}$ （　　　　　　）

② $\dfrac{3}{4}$ （　　　　　　）

③ $\dfrac{9}{20}$ （　　　　　　）

④ $2\dfrac{1}{4}$ （　　　　　　）

⑤ $3\dfrac{3}{8}$ （　　　　　　）

⑥ $1\dfrac{2}{5}$ （　　　　　　）

ポイント 整数や小数で正確に表せない数も、分数であれば正確に表せることがあります。

③ **分数と小数、整数** [その2]

基本のワーク

教科書 207～208ページ　　答え 18ページ

学習の目標・
分数と小数、整数の関係を考えよう。

基本 1 小数を分数で表すことができますか。

☆ 次の小数を分数で表しましょう。
❶ 0.9　　❷ 0.21　　❸ 1.43

とき方 $0.1 = \dfrac{1}{10}$ 、$0.01 = \dfrac{1}{100}$ であることを使います。

❶ 0.9 は、$0.1\left(\dfrac{1}{10}\right)$ を □ 個集めた数だから、$0.9 = \dfrac{\square}{10}$

❷ 0.21 は、$0.01\left(\dfrac{1}{100}\right)$ を □ 個集めた数だから、$0.21 = \dfrac{\square}{100}$

❸ 1.43 は、$0.01\left(\dfrac{1}{100}\right)$ を □ 個集めた数だから、$1.43 = \dfrac{\square}{100}$

答え ❶ ☐　❷ ☐　❸ ☐

たいせつ

小数は、10 や 100 などを分母とする分数で表すことができます。

---

1 次の小数を分数で表しましょう。
教科書 207ページ❸

❶ 0.1　　　　　　　　❷ 0.18　　　　　　　　❸ 1.3
　（　　　　　）　　　　（　　　　　）　　　　（　　　　　）

❹ 1.45　　　　　　　　❺ 0.03　　　　　　　　❻ 2.75
　（　　　　　）　　　　（　　　　　）　　　　（　　　　　）

基本 2 整数を分数で表すことができますか。

☆ 7、9 を、それぞれ分数で表しましょう。

とき方 整数は、1 を分母とする分数や、分子が分母でわりきれる分数で表すことができます。

$7 = 7 \div 1 = \dfrac{\square}{\square}$　　　　$9 = 9 \div \square = \dfrac{9}{\square}$

$7 = 14 \div \square = \dfrac{14}{\square}$　　　$9 = \square \div 2 = \dfrac{\square}{2}$

$7 = \square \div 3 = \dfrac{\square}{3}$　　　$9 = \square \div 3 = \dfrac{\square}{3}$

答え $7 \cdots \dfrac{\square}{1}、\dfrac{\square}{2}、\dfrac{\square}{3}$

$9 \cdots \dfrac{\square}{1}、\dfrac{\square}{2}、\dfrac{\square}{3}$

さんすうはかせ　英語で $\dfrac{1}{2}$ のことをハーフ、$\dfrac{1}{4}$ のことをクウォーターというよ。

② □にあてはまる数をかきましょう。 📖 教科書 208ページ 4

① $2=\dfrac{\square}{1}=\dfrac{4}{\square}$

② $5=\dfrac{5}{\square}=\dfrac{\square}{2}$

③ $8=\dfrac{\square}{1}=\dfrac{40}{\square}$

④ $10=\dfrac{10}{\square}=\dfrac{\square}{10}$

⑤ $12=\dfrac{\square}{1}=\dfrac{96}{\square}$

⑥ $14=\dfrac{14}{\square}=\dfrac{\square}{6}$

基本 ③ 小数と分数の大きさを比べることができますか。

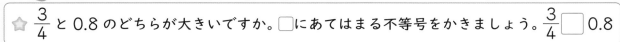

☆ $\dfrac{3}{4}$ と 0.8 のどちらが大きいですか。□にあてはまる不等号をかきましょう。 $\dfrac{3}{4}\ \square\ 0.8$

とき方 小数か分数のどちらかにそろえてから比べます。

《1》 $\dfrac{3}{4}$ を小数になおすと、$\dfrac{3}{4}=\square\div4=0.75$

《2》 0.8 を分数になおすと、$0.8=\dfrac{8}{\square}=\dfrac{4}{\square}$

$\dfrac{3}{4}$ と $\dfrac{4}{5}$ を通分すると、$\dfrac{3}{4}=\dfrac{\square}{20}$、$\dfrac{4}{5}=\dfrac{\square}{20}$

答え $\dfrac{3}{4}\ \square\ 0.8$

③ どちらが大きいですか。□にあてはまる不等号をかきましょう。 📖 教科書 208ページ 5

① $\dfrac{5}{8}\ \square\ 0.6$

② $0.5\ \square\ \dfrac{5}{9}$

③ $2\dfrac{3}{5}\ \square\ 2.7$

④ $1.5\ \square\ 1\dfrac{2}{3}$

④ 次の数を下の数直線に表しましょう。 📖 教科書 208ページ 4

0.3　　$\dfrac{9}{10}$　　1.3　　$2\dfrac{1}{5}$　　2.7　　$\dfrac{5}{2}$

ポイント 小数と分数の大きさを比べたり、小数と分数がまじった計算をしたりするときには、どちらかにそろえてからにします。

⑭ 分数と小数、整数の関係を調べよう　分数と小数、整数

練習のワーク

教科書 200～210ページ　　答え 18ページ

1 わり算の商と分数　商を分数で表しましょう。

① 3÷7

② 7÷6

（　　　　　　）　　　（　　　　　　）

③ 5÷11

④ 15÷37

（　　　　　　）　　　（　　　　　　）

2 分数の倍　分数で答えましょう。

① 4kg は 15kg の何倍ですか。

（　　　　　　）

② 12m は 30m の何倍ですか。

（　　　　　　）

3 分数と小数　7m の長さのリボンを 5 等分します。1 本分の長さは何 m になりますか。答えを分数と小数で表しましょう。

式

答え　分数（　　　　　　）　小数（　　　　　　）

4 分数を小数になおす方法　次の分数を小数や整数で表しましょう。

① $\frac{7}{2}$

② $\frac{3}{5}$

③ $\frac{7}{8}$

（　　　　　）　（　　　　　）　（　　　　　）

④ $\frac{11}{20}$

⑤ $2\frac{3}{5}$

⑥ $4\frac{12}{25}$

（　　　　　）　（　　　　　）　（　　　　　）

5 小数を分数になおす方法　次の小数を分数で表しましょう。

① 0.4

② 0.05

③ 2.7

（　　　　　）　（　　　　　）　（　　　　　）

④ 0.39

⑤ 5.08

⑥ 7.16

（　　　　　）　（　　　　　）　（　　　　　）

6 整数を分数になおす方法　□にあてはまる数をかきましょう。

① $6=\frac{□}{1}$

② $9=\frac{27}{□}$

③ $21=\frac{□}{2}$

1 わり算の商と分数

たいせつ

わられる数が分子、わる数が分母になります。

$△÷○=\frac{△}{○}$

2 分数の倍

何倍かを表すときにも、分数を使うことができます。

3 4 分数を小数になおす方法

たいせつ

分子を分母でわります。

$\frac{△}{○}=△÷○$

5 小数を分数になおす方法

$0.1=\frac{1}{10}$、$0.01=\frac{1}{100}$ であることを使うと、小数は、10、100 などを分母とする分数で表すことができます。

6 整数を分数になおす方法

整数は、1 などを分母とする分数になおすことができます。

 できる ナビ　小数と分数の大きさを比べるときは、分数を小数になおした方がかんたんです。

まとめのテスト

まとめのテスト

教科書 200～210ページ　答え 18ページ

時間 20分　得点 /100点

勉強した日　月　日

1 □にあてはまる数をかきましょう。　1つ4〔12点〕

① $\dfrac{14}{5} = 14 \div \boxed{}$

② $\dfrac{17}{31} = \boxed{} \div 31$

③ $13 \div 14 = \dfrac{\boxed{}}{\boxed{}}$

2 たけしさんの体重は 33kg で、お父さんの体重は 70kg、弟の体重は 25kg です。　1つ4〔16点〕

① お父さんの体重は、たけしさんの体重の何倍ですか。

式

答え（　　　　　　　）

② 弟の体重は、たけしさんの体重の何倍ですか。

式

答え（　　　　　　　）

3 よく出る 次の分数を小数や整数で、小数を分数で表しましょう。　1つ4〔36点〕

① $\dfrac{7}{25}$ （　　　　　）

② $\dfrac{8}{5}$ （　　　　　）

③ $2\dfrac{1}{4}$ （　　　　　）

④ $\dfrac{14}{7}$ （　　　　　）

⑤ $\dfrac{15}{2}$ （　　　　　）

⑥ 0.02 （　　　　　）

⑦ 1.4 （　　　　　）

⑧ 3.25 （　　　　　）

⑨ 9.03 （　　　　　）

4 次の数を下の数直線に表しましょう。　1つ4〔24点〕

0.8　　$\dfrac{2}{5}$　　$\dfrac{9}{10}$　　1.7　　$\dfrac{3}{2}$　　$1\dfrac{1}{5}$

5 □にあてはまる不等号をかきましょう。　1つ4〔12点〕

① $\dfrac{1}{4} \boxed{} 0.24$

② $1.56 \boxed{} \dfrac{11}{7}$

③ $2\dfrac{1}{3} \boxed{} 2.33$

チェック ✓
□ わり算の商を分数で表すことができたかな？
□ 分数を小数や整数で、小数を分数で表すことができたかな？

ふろくの「計算練習ノート」18ページをやろう！

93

① 割合と百分率

基本のワーク

教科書 212〜218ページ　答え 19ページ

基本 1 割合を求めることができますか。

☆ 右の表は、ある日の列車の乗客数です。
１号車、２号車の定員をもとにした、乗客数の割合をそれぞれ求めましょう。

列車の乗客数

号車	定員(人)	乗客数(人)
１号車	76	57
２号車	50	60

とき方 比べる量がもとにする量の何倍にあたるかを表した数を、□□ といいます。

割合＝比べる量÷□□□量

１号車

定　員 ████████ 76(人)
乗客数 ████ 57(人)
0　　　　□　　1(倍)

□ ÷ □ = □

２号車

定　員 ████ 50(人)
乗客数 ██████ 60(人)
0　　1 □　(倍)

□ ÷ □ = □

たいせつ

割合＝比べる量÷もとにする量

答え １号車 □　　２号車 □

---

❶ 右の表は、ある学校のクラブの希望者数を表したものです。各クラブの定員をもとにした、希望者の割合をそれぞれ求めましょう。　📖教科書 213ページ■ 215ページ■

式

クラブの希望調べ

クラブ	定員(人)	希望者(人)
しょうぎ	20	22
たっきゅう	35	42
サッカー	60	54

答え　しょうぎ（　　　　　）　たっきゅう（　　　　　）　サッカー（　　　　　）

基本 2 割合を百分率で表すことができますか。

☆ 学級の人数は 32 人で、そのうち、兄弟姉妹がいる人が 24 人います。学級の人数をもとにした、兄弟姉妹がいる人の割合は何 % ですか。

とき方 求める割合は、24÷□ ＝□

割合を表す 0.01 を 1 □ ともいい、1% とかきます。パーセントで表した割合を □ といいます。

比べる量 もとにする量
0　　　　24　 32(人)
人　数 ├──┼──┼──┤
割　合 0　　　□　　1
百分率 0　　　□　　100(%)

答え □ %

さんすうはかせ　割合や百分率、歩合は、身のまわりでたくさん使われているよ。さがしてみよう。

2 次の小数や整数で表した割合を百分率で、百分率で表した割合を小数や整数で表しましょう。

📖 教科書 216ページ 2

① 0.03

② 0.76

③ 0.5

(   )   (   )   (   )

④ 1.7

⑤ 4

⑥ 52%

(   )   (   )   (   )

⑦ 80%

⑧ 7%

⑨ 300%

(   )   (   )   (   )

基本 3 割合を歩合で表すことができますか。

☆ 定価 2000 円のシャツが 1600 円で売られています。定価の何割で売られていますか。

とき方 求める割合は、 $\boxed{} ÷ 2000 = \boxed{}$

割合を表す 0.1 を 1割 ということもあります。

このように表した割合を、$\boxed{}$ といいます。

歩合では、割合を表す 0.01 を 1分、0.001 を 1厘といいます。

```
              比べる量 もとにする量
              1600 2000 （円）
        0
代金  ├──────────────┤
割合  0        ┌─┐ │
     ├────────┤ ├─┤
歩合  0        └─┘ 1
     ├────────┌─┐──┤
              └─┘ 10 （割）
```

答え $\boxed{}$ 割

---

3 次の割合を歩合で表しましょう。

📖 教科書 217ページ 4

① 0.2   **②** 0.5   **③** 0.9   **④** 1

(   )   (   )   (   )   (   )

---

4 ある本屋で、定価 1500 円の本を 1050 円で買いました。定価の何割で買ったことになりますか。

📖 教科書 217ページ 4

式

答え (   )

ポイント 文章題の場合、出てくる数字が何を表しているのかに注意しましょう。図に表して考えるとかんたんです。

⑮ 比べ方を考えよう　割合

② 割合を使う問題

基本のワーク

教科書 219〜223ページ　答え 19ページ

学習の目標・
割合の計算のしかたを
身につけよう。

基本 ❶ 比べる量の求め方がわかりますか。

☆ 図書室に児童が 15 人います。体育館の児童の数は、図書室の児童の数の 120% に
あたります。体育館には児童が何人いますか。

とき方　15×□＝□

```
                              もとにする量  比べる量
            0              15    □ （人）
    人数 ├──────────┼─────┼
    割合 ├──────────┼─────┼
            0          1    1.2
```

たいせつ
比べる量＝もとにする量×割合

答え □ 人

❶ ある年の東京の 9 月の雨の量は 220mm でした。10 月の雨の量は 9 月の 85% でした。
10 月の雨の量は何 mm ですか。　　　　　　　　　　　📖 教科書 219ページ❶

式

答え（　　　　　　　　）

❷ まゆみさんの身長は 130cm です。さきさんの身長はまゆみさんの 110% にあたります。
さきさんの身長は何 cm ですか。　　　　　　　　　　　📖 教科書 219ページ❶

式

答え（　　　　　　　　）

基本 ❷ もとにする量の求め方がわかりますか。

☆ ある畑の今年の豆のしゅうかく量は 65kg でした。これは、去年のしゅうかく量の
125% にあたります。去年のしゅうかく量は何 kg でしたか。

とき方　去年のしゅうかく量を□kg とすると、
□×□＝65
□＝65÷□
□＝□

```
                              もとにする量  比べる量
                0              □    65 （kg）
    しゅうかく量 ├──────────┼─────┼
    割　合 ├──────────┼─────┼
                0          1    1.25
```

たいせつ
もとにする量＝比べる量÷割合

答え □ kg

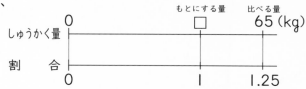 「%」の記号は、イタリア語の per cento を縮めて書いたものがもとになっているんだっ
て。

3 のりこさんは、本を 120 ページ読みました。これは本全体の 75 ％ にあたります。この本全体のページ数は、何ページですか。 📖**教科書** 220ページ**2**

式

答え (　　　　　　　　　　)

基本 3 割合を使った計算の方法がわかりますか。

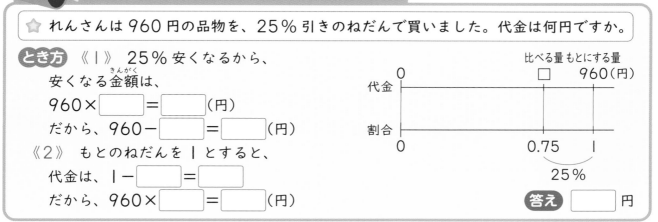

☆ れんさんは 960 円の品物を、25 ％ 引きのねだんで買いました。代金は何円ですか。

とき方 《1》 25 ％ 安くなるから、

安くなる金額は、

960 × ☐ = ☐ (円)

だから、960 － ☐ = ☐ (円)

《2》 もとのねだんを 1 とすると、

代金は、1 － ☐ = ☐

だから、960 × ☐ = ☐ (円)

```
            比べる量  もとにする量
        0        ☐      960(円)
代金  ├────────┼───────┤
割合  ├────────┼───────┤
        0       0.75     1
                    ⌣
                   25％
```

答え ☐ 円

---

4 ゆきこさんは、2800 円のかばんを、40 ％ 引きのねだんで買いました。売りねはもとのねだんの何割にあたり、何円ですか。 📖**教科書** 221ページ**3**

式

答え 割合 (　　　　　　　) 売りね (　　　　　　　　)

---

5 750 mL のジュースを買いに行ったら、20 ％ 増量して売られていました。ジュースは何 mL で売られていましたか。 📖**教科書** 221ページ**3**

式

答え (　　　　　　　　)

---

6 A 店では定価 1200 円の商品を 20 ％ 引きで売っていました。B 店では同じ商品を 300 円引きで売っていました。どちらの店で買うほうが、安く買えますか。 📖**教科書** 221ページ**3**

式

答え (　　　　　　　　)

ポイント 20 ％ と 20 ％ 引きのちがいに注意しましょう。20 ％ 引きは、20 ％ の金額を計算してもとのねだんからひくのと、もとのねだんの 80 ％ を計算するのと、かんたんなほうで求めましょう。

⑮ 比べ方を考えよう 割合

練習のワーク

教科書 212〜225ページ   答え 19ページ

1 割合 ゆりこさんは 500 円、お兄さんは 800 円のおこづかいを もっています。お兄さんの金額をもとにした、ゆりこさんの金額の割合 を求めましょう。

式

答え（　　　　　　）

2 百分率 次の小数で表した割合を百分率で、百分率で表した割合を小 数で表しましょう。

❶ 0.25　　　　❷ 0.6　　　　❸ 1.2
（　　　　　）（　　　　　）（　　　　　）

❹ 37%　　　　❺ 8%　　　　❻ 142%
（　　　　　）（　　　　　）（　　　　　）

3 同じ割合 次の表は、同じ割合を、百分率や歩合で表しています。表 を完成させましょう。

割合	0.3			1
百分率		40%		
歩合			6 割	

4 比べる量 ある駅で 120 人乗った電車から、6 割にあたる乗客がお りました。おりた乗客は何人でしたか。

式

答え（　　　　　　）

5 もとにする量 ある店の今日の売り上げは、22000 円でした。これは、 前日の売り上げの 125% にあたります。前日の売り上げは何円でした か。

式

答え（　　　　　　）

1 割合
お兄さんのおこづかい を 1 としたときの、 ゆりこさんのおこづか いの割合を計算します。

たいせつ
割合＝比べる量
　÷もとにする量

2 百分率
もとにする量を 100 としたときの割合を百 分率といいます。

3 同じ割合
割合の 0.1 は、百分 率では 10%、歩合で は 1 割です。

4 比べる量
比べる量
＝もとにする量
　　　×割合

5 もとにする量
22000 円は前日の売 り上げの 1.25 倍で す。
もとにする量
＝比べる量÷割合

できるナビ 割合を求める式、比べる量を求める式、もとにする量を求める式は、どれも同じ関係を表してい ます。

まとめのテスト

1 なほさんの家の畑は、500m² あります。300m² がみかん畑で、200m² がぶどう畑です。

① 畑全体をもとにした、みかん畑の割合を求めましょう。　1つ7〔42点〕

式

答え（　　　　　　　　）

② ぶどう畑をもとにした、みかん畑の割合を百分率で表しましょう。

式

答え（　　　　　　　　）

③ 畑全体をもとにした、ぶどう畑の割合を歩合で表しましょう。

式

答え（　　　　　　　　）

2 よく出る □にあてはまる数をかきましょう。　1つ6〔18点〕

① 15本は20本の □ ％ です。

② 80mの20％は □ m です。

③ □ 円の70％は、280円です。

3 ドレッシングA には、し質が 35g ふくまれています。ドレッシングB には、A の120％ のし質がふくまれています。B にふくまれるし質は何g ですか。　1つ6〔12点〕

式

答え（　　　　　　　　）

4 まゆみさんが買ったかばんは、もとのねだんの 70％ で 1400円 でした。もとのねだんは 何円ですか。　1つ7〔14点〕

式

答え（　　　　　　　　）

5 A店では、500円のおかしを今日だけ120円引きで売ります。B店では、このおかしを 3割引きで売ります。どちらの店のほうが、何円安く買えますか。　1つ7〔14点〕

式

答え（　　　　　　　　）

 チェック ✓ □ 割合を百分率や歩合で表すことができたかな？
□ 割合、比べる量、もとにする量を求めることができたかな？

勉強した日 ≫　　　月　　日

① 帯グラフと円グラフ
② 表やグラフの利用

基本のワーク

学習の目標・
帯グラフと円グラフを
理解し、かけるように
しよう。

教科書 228〜238ページ　　答え 19ページ

基本 ① 帯グラフと円グラフはどんなグラフかわかりますか。

☆ 下のグラフは、ある年の世界の人口の地いき別の割合を表しています。

⑦　世界の人口の地いき別の割合

| アジア | アフリカ | ヨーロッパ | 北アメリカ | 南アメリカ |

0　10　20　30　40　50　60　70　80　90　100（％）

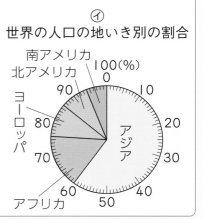

⑦
世界の人口の地いき別の割合

❶　北アメリカの人口の割合は何％ですか。

❷　この年の世界の人口は、約 75 億人です。北アメリカの人口は約何億人ですか。

とき方 ❶　上の⑦のグラフのように、細長い長方形で全体を表し、全体を各部分の割合に応じて区切ったグラフを、[　　　　]といいます。また、上の⑦のグラフのように、円で全体を表し、全体を各部分の割合に応じて半径で区切ったグラフを、[　　　　]といいます。

答え [　　　] ％

❷　北アメリカの人口は、全体の [　　] ％
だから、75×[　　]=[　　]（億人）

答え 約 [　　] 億人

🐟 **たいせつ**
帯グラフ、円グラフは全体をもとにした各部分の割合や、部分と部分の割合を比べるときに便利です。

---

❶ 右のグラフは、学校の保健室を利用した理由の割合を表したものです。　📖教科書 231ページ❷

❶　「けが」、「腹痛」、「頭痛」という理由の合計は、全体の
何％ですか。

（　　　　　　　）

❷　「腹痛」という理由は、全体の何分の一になりますか。

（　　　　　　　）

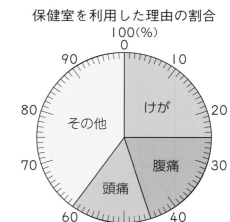

保健室を利用した理由の割合

それぞれの割合は、
どこをよめばいいかな？

さんすうはかせ　帯グラフや円グラフは、ひと目で割合の多いものはどれかがわかるから、よく資料や統計に利用されているよ。

☆ 右の表は、ある学校で、いちばんすきなしゅみについて調べたものです。これを帯グラフに表しましょう。

いちばんすきなしゅみ

しゅみ	人数(人)	割合(%)
スポーツ	468	52
読書	126	
音楽	234	
その他	72	
合計	900	

とき方 全体をもとにして、それぞれの割合を百分率で求めると、

読書…126÷□=□ → □%

音楽…234÷□=□ → □%

その他…□÷900=□ → □%

合計が 100%にならないときは、割合のいちばん大きい部分か「その他」で、1% 増やしたり、減らしたりして、100%になるようにします。帯グラフでは、ふつう左からはじめて、百分率の大きいものから順にかいていきます。「その他」は、最後にかきます。

答え いちばんすきなしゅみの割合

0　10　20　30　40　50　60　70　80　90　100(%)

---

2 下の表は、ある地いきでの土地の使われ方を表したものです。これを帯グラフに表しましょう。

土地の使われ方

使われ方	面積(km²)	割合(%)
森林	4620	
農用地	980	
たく地	350	
水面・川	280	
道路	210	
その他	560	
合計	7000	

📖 教科書 232ページ **3**

合計が 100%になっているか確かめよう！

土地の使われ方の割合

0　10　20　30　40　50　60　70　80　90　100(%)

基本 **3** 表を円グラフに表すことができますか。

☆ 右の表は、大豆 250g の成分の重さを表したものです。これを円グラフに表しましょう。

大豆の成分の重さ

成分	重さ(g)	割合(%)
炭水化物	73	29
し質	55	
たんぱく質	82	
水分	29	
その他	11	
合計	250	

とき方 全体をもとにして、それぞれの割合を百分率で、一の位までのがい数で求めると、

炭水化物…73÷□=0.292 → □%

し質…55÷□=0.22 → □%

たんぱく質…□÷250=0.328 → □%

水分…□÷250=0.116 → □%

その他…□÷250=0.044 → □%

円グラフでは、ふつう、いちばん上からはじめて、時計まわりに、百分率の大きいものから順にかいていきます。「その他」は、最後にかきます。

答え 大豆の成分の重さの割合

ポイント　合計が 100 になるように割合を百分率で求めます。グラフをかく場合、「その他」の割合が大きくても、最後にかきます。

練習のワーク

勉強した日　月　日

できた数　　　／5問中

1 帯グラフ　ある町にはいろいろな商店があり、全部で120軒の商店がありました。下のグラフは、この町の商店を種類で分けて、数の割合を表したものです。

❶　衣料品店の割合は何％ですか。

商店の割合

| 食料品店 | 衣料品店 | 雑貨店 | その他 |

0 10 20 30 40 50 60 70 80 90 100 (%)

（　　　　　　　　）

❷　雑貨店は全体の何分の一になりますか。

（　　　　　　　　）

❸　衣料品店は何軒ありますか。
式

答え（　　　　　　　　）

❹　食料品店は雑貨店の何倍ありますか。
式

答え（　　　　　　　　）

2 円グラフ　下の表は、公園で観察された鳥について、種類ごとに数を表したものです。それぞれの割合を計算して、円グラフに表しましょう。

公園で観察された鳥

種類	数（わ）
はと	15
つばめ	12
からす	9
すずめ	4
その他	10
合計	50

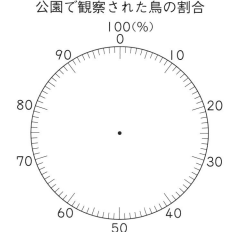

公園で観察された鳥の割合

てびき

1 帯グラフ
❶　グラフの衣料品店の割合は、左はしは40％、右はしは65％を示しています。
❷　雑貨店の割合は20％です。

ヒント
比べる量
　＝もとにする量
　　　×割合

2 円グラフ
まず、それぞれの割合を百分率で求めます。

ヒント
割合
　＝比べる量
　　÷もとにする量

そして、円グラフのいちばん上からはじめて時計回りに、百分率の大きいものから順に区切ります。
「その他」は最後にかきます。

できるナビ　割合＝比べる量÷もとにする量、比べる量＝もとにする量×割合
グラフは割合の大きいものから順に区切ります。

まとめのテスト

教科書 228〜240ページ　答え 20ページ

得点 ／100点

1 よく出る　図書館を1週間に訪れた人を調べると全部で1500人でした。右のグラフは、訪れるときに利用した交通機関の種類で分けて、人数の割合を表したものです。

1つ10〔70点〕

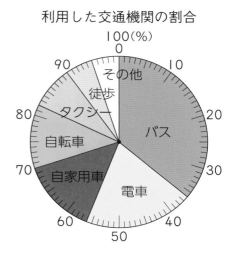

利用した交通機関の割合

❶　電車を利用した人の割合は何％でしたか。

（　　　　　　　　）

❷　タクシーを利用した人は何人でしたか。
式

答え（　　　　　　　　）

❸　自家用車を利用した人は徒歩で来た人より何人多かったでしょうか。
式

答え（　　　　　　　　）

❹　バスを利用した人は自転車を利用した人の何倍でしたか。
式

答え（　　　　　　　　）

2 下の表は、ある年に全国でさいばいされた米の種類別のしゅうかく量です。それぞれの割合を計算して、帯グラフに表しましょう。
〔30点〕

米の種類別のしゅうかく量

品種	しゅうかく量(t)
コシヒカリ	3095100
ひとめぼれ	842700
ヒノヒカリ	804200
あきたこまち	656700
もち米	292200
はえぬき	258400
その他	2516700
合計	8466000

米の種類別のしゅうかく量の割合

0 10 20 30 40 50 60 70 80 90 100 (％)

□帯グラフや円グラフから割合や値を求めることができたかな？
□帯グラフや円グラフをかくことができたかな？

103

学習の目標・

角柱や円柱が、どのような立体か調べてみよう。

① 角柱と円柱 [その1]

基本のワーク

教科書 242〜246ページ　｜　答え 20ページ

基本 ❶ 角柱の頂点、辺、面の数、底面の形がわかりますか。

☆ 次の⑦から㋑の立体について、右の表の空らんをうめましょう。

	名前	底面の形	頂点の数	辺の数	面の数
⑦	三角柱	三角形			
⑦					
⑦					
㋑					

とき方 平らな面を [　]、平らでない面を [　] といいます。⑦から㋑のような立体を [　] といいます。角柱で向かいあった 2 つの面を [　] といい、底面以外のまわりの面を [　] といいます。

角柱では、2 つの底面は [　] で、[　] な多角形です。角柱は、底面の形によって、三角柱、四角柱、五角柱、…といいます。　**答え** 問題の表にかく。

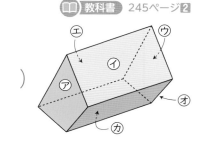

頂点
底面
側面　側面 ←辺
底面

❶ 右のような角柱について答えましょう。　　📖 教科書 245ページ❷

❶ ⑦から㋕のうち、底面はどれですか。全部選びましょう。

（　　　　　　　）

❷ この角柱を何といいますか。

（　　　　　　　）

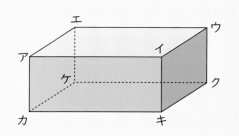

ふくしゅう　できるかな？

例 右のような直方体の辺と辺との関係について答えましょう。
❶ 辺アカと垂直な辺はどれですか。
❷ 辺アカと平行な辺はどれですか。

考え方 ❶ 1 つの頂点に集まる 3 つの辺は垂直に交わるから、頂点アを通る辺 アイ と辺 アエ、頂点カを通る辺 カキ と辺 カケ。

❷ 直方体の面は長方形だから、向かいあう辺は平行だから、辺 イキ と辺 エケ。また、四角形アカクウも長方形だから、辺 ウク。

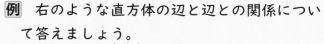

問題 上の直方体の辺と辺との関係について答えましょう。
❶ 辺エウと垂直な辺はどれですか。
❷ 辺エウと平行な辺はどれですか。

さんすうはかせ　立方体や直方体の「方」というのは、四角のことを意味するよ。平面の面積の単位には「平方」がつき、立体の体積の単位には「立方」がつくね（cm²、cm³ など）。

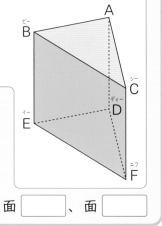

基本2 三角柱の面の関係がわかりますか。

☆ 右のような角柱について、次の問題に答えましょう。

❶ この角柱を何といいますか。

❷ 面DEFに平行な面はどれですか。

❸ 面DEFに垂直な面を全部答えましょう。

とき方 ❶ 底面の形が [　　　] だから、このような角柱を [　　　]

といいます。

❷ 角柱では、2つの底面は [　　　] で、合同です。

❸ 角柱では、側面は底面に [　　　] です。

答え ❶ [　　　] ❷ 面 [　　　] ❸ 面 [　　　]、面 [　　　]、面 [　　　]

❷ 右のような角柱について、次の問題に答えましょう。

📖 **教科書** 245ページ❷

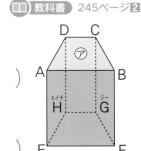

❶ 面㋐に平行な面はどれですか。

(　　　　　　　　　)

❷ 面㋐に垂直な面はどれですか。

(　　　　　　　　　)

基本3 円柱について、底面や側面がわかりますか。

☆ 右のような平面と曲面でかこまれた
立体について、次の表の空らんをう
めましょう。

底面の形	底面の数	側面の形
		曲面

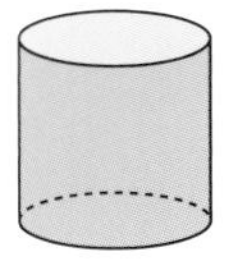

とき方 問題の図のような立体を [　　　] といいます。円柱で向かい

あった2つの面を [　　　] といい、まわりの面を [　　　] といいます。

円柱では、2つの底面は [　　　] で、合同な [　　　] です。円柱の側面

は [　　　] になっています。

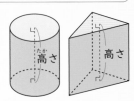

角柱や円柱の2つの底面にはさまれた垂直な直線の長さを、角柱や円柱の [　　　] とい

います。　　　　　　　　　　　　　　　　**答え** 問題の表にかく。

❸ 右のような平面と曲面でかこまれた立体について、次の問題に答えましょう。

📖 **教科書** 246ページ❸

❶ この立体を何といいますか。　　　　　(　　　　　　　)

❷ ㋐から㋒のうち、底面はどの面ですか。また底面
の形を答えましょう。　　　(　　　　　　)(　　　　　　)

❸ ㋐から㋒のうち、側面はどの面ですか。　(　　　　　)

❹ ㋐から㋒のうち、高さにあたるのはどれですか。(　　　　　)

ポイント 角柱、円柱の2つの底面は平行で、合同になっています。

105

1 **角柱と円柱** [その2]
2 **角柱と円柱の展開図**

基本のワーク

教科書 246〜249ページ　　答え 21ページ

基本 **1**　**角柱や円柱の見取図をかくことができますか。**

☆ 右の円柱の見取図をかきましょう。

とき方 底面が平行になるようにかき、見えない辺や曲線は点線でかきます。

答え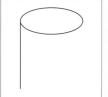

1 右の角柱の見取図をかきましょう。

教科書 246ページ4

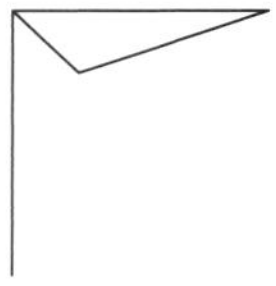

基本 **2**　**角柱の展開図をかくことができますか。**

☆ 右の図は、ある三角柱の展開図です。
　❶　底面、側面はそれぞれどの面ですか。
　❷　組み立てたときに点Aに集まる点はどれですか。

とき方 展開図をかいて、三角柱を組み立てて考えます。

答え ❶ 底面…面 ☐、面 ☐
　　　　 側面…面 ☐、面 ☐、面 ☐
　　　 ❷ 点 ☐、点 ☐

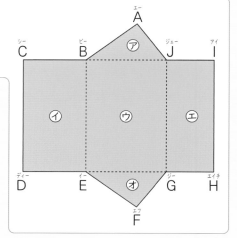

2 右の図のような角柱の展開図があります。

教科書 247ページ1

❶　この角柱を何といいますか。

（　　　　　　　　）

❷　この角柱の底面はどの部分ですか。

（　　　　　　　　）

❸　組み立てたときに点Mに集まる点はどれですか。

（　　　　　　　　）

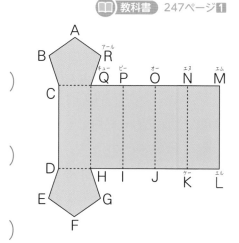

さんすうはかせ　どんな角柱でも、頂点の数－辺の数＋面の数＝2 が成り立つんだよ。この式をオイラーの多面体公式というよ。

📖 教科書 247ページ 1

3 下のような角柱の展開図をかきましょう。

① 2cm 2cm 3cm

② 3cm 3cm 3cm 3cm 4cm

1cm
1cm

1cm
1cm

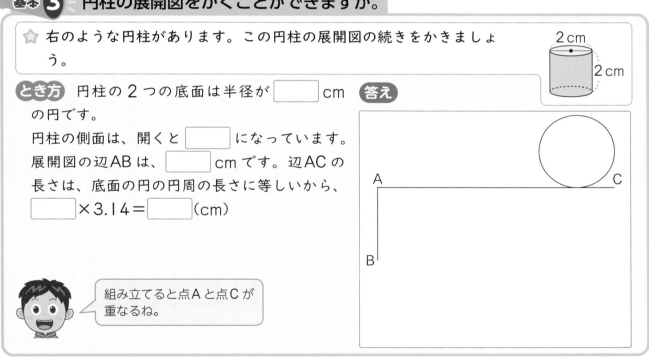

基本 3 円柱の展開図をかくことができますか。

☆ 右のような円柱があります。この円柱の展開図の続きをかきましょう。

2cm 2cm

とき方 円柱の2つの底面は半径が □ cm の円です。

円柱の側面は、開くと □ になっています。

展開図の辺ABは、□ cm です。辺ACの長さは、底面の円の円周の長さに等しいから、

□ ×3.14＝ □ （cm）

答え

A ──────────────── C

B

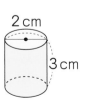
組み立てると点Aと点Cが重なるね。

4 下のような円柱の展開図をかきましょう。

📖 教科書 248ページ 2

2cm 3cm

1cm
1cm

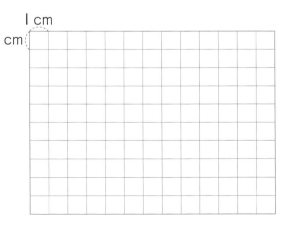

ポイント 円柱の側面を切り開くと長方形になり、そのたてと横の長さは、円柱の高さと底面の円の円周の長さと同じであることに注意しましょう。

107

練習のワーク

教科書 242〜251ページ　答え 21ページ

できた数
/9問中

1 角柱　右のような角柱があります。

① この角柱の底面はどんな形ですか。

（　　　　　　　　　　　　）

② この角柱を何といいますか。

（　　　　　　　　　）

③ 面ABC に平行な面はどれですか。

（　　　　　　　　　）

④ 底面に垂直な面を全部答えましょう。

（　　　　　　　　　　　　）

2 四角柱の展開図　下の角柱の展開図をかきましょう。

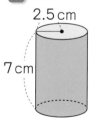

3cm　4cm

5cm

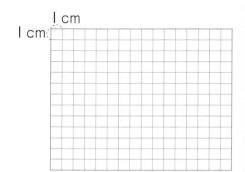

1cm
1cm

3 円柱　下の立体について答えましょう。

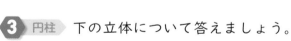

2.5cm

7cm

① この立体を何といいますか。

（　　　　　　　　　）

② この立体の側面を開くと、どのような形になっていますか。また立体の高さを求めましょう。

形（　　　　　　　）　高さ（　　　　　　　　）

4 円柱の展開図　底面の円の直径が3cm、高さが2cm の円柱があります。右の図はその展開図の一部です。展開図をかきましょう。

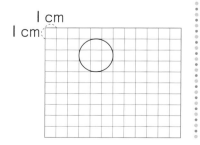

1cm
1cm

てびき

1 角柱
①②それぞれの名前は、底面の形をしめしています。
③向かいあった2つの底面は平行になっています。
④側面は、底面に垂直です。

2 四角柱の展開図
展開図をかくときには、面の数を確認しましょう。

3 円柱
円柱の展開図は、2つの円と1つの長方形を組み合わせた形になります。

4 円柱の展開図

ヒント
底面が円で、側面が長方形になります。側面の2つの辺の長さは、円柱の高さと、底面の円の円周の長さと同じ長さです。

できるナビ　角柱の2つの底面は、平行で合同な多角形、側面は長方形です。

まとめのテスト

教科書 242〜251ページ 答え 21ページ

1 よく出る 右の角柱について答えましょう。 1つ8〔24点〕

❶ この角柱を何といいますか。

（　　　　　　）

❷ 面ABCDに平行な面はどれですか。

（　　　　　　）

❸ 面ABCDに垂直な面を全部答えましょう。

（　　　　　　　　　　　　　）

2 右の角柱について答えましょう。 1つ8〔16点〕

❶ 底面と垂直な面はどれですか。

（　　　　　　）

❷ この角柱の高さは何cmですか。

（　　　　　　）

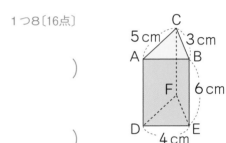

3 右のような展開図があります。 1つ10〔30点〕

❶ 底面、側面はそれぞれどの部分ですか。

底面（　　　　　　） 側面（　　　　　　）

❷ 組み立てたときに点Iに集まる点はどれですか。

（　　　　　　）

4 右の立体について答えましょう。 1つ10〔30点〕

❶ 底面の形は何ですか。

（　　　　　　）

❷ 高さは何cmですか。

（　　　　　　）

❸ 展開図をかきましょう。

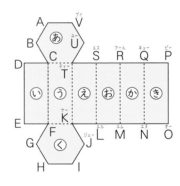

□ 柱の形を仲間分けすることができたかな？
□ 角柱や円柱の展開図をかくことができたかな？

109

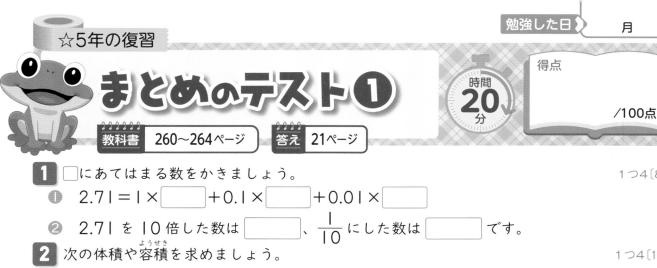

まとめのテスト❶

教科書 260〜264ページ 答え 21ページ

時間 **20** 分

1 □にあてはまる数をかきましょう。 1つ4〔8点〕

① 2.71＝1×□＋0.1×□＋0.01×□

② 2.71 を 10 倍した数は □ 、$\frac{1}{10}$ にした数は □ です。

2 次の体積や容積を求めましょう。 1つ4〔16点〕

① たて 1.5 m、横 60 cm、高さ 12 cm の直方体の体積は何 cm³ ですか。

式　　　　　　　　　　　　　　　　　　　　答え（　　　　　　　）

② 内のりが、たて 80 cm、横 50 cm、深さ 30 cm の直方体の形をした水そうの容積は何 L ですか。

式　　　　　　　　　　　　　　　　　　　　答え（　　　　　　　）

3 下のような立体の体積を求めましょう。 1つ5〔10点〕

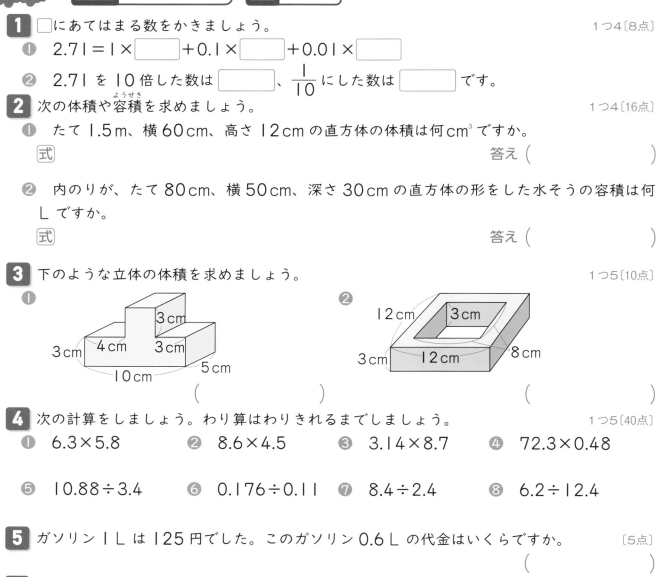

①　　　　　　　　　　　　　　　　　　　②

（　　　　　　　）　　　　　　　　（　　　　　　　）

4 次の計算をしましょう。わり算はわりきれるまでしましょう。 1つ5〔40点〕

① 6.3×5.8　② 8.6×4.5　③ 3.14×8.7　④ 72.3×0.48

⑤ 10.88÷3.4　⑥ 0.176÷0.11　⑦ 8.4÷2.4　⑧ 6.2÷12.4

5 ガソリン 1 L は 125 円でした。このガソリン 0.6 L の代金はいくらですか。 〔5点〕

（　　　　　　　）

6 65.8 L の水を 1.8 L ずつびんに入れます。びんは何本できて何 L あまりますか。 〔5点〕

（　　　　　　　）

7 下の図で、㋐から㋓の角度はそれぞれ何度ですか。 1つ4〔16点〕

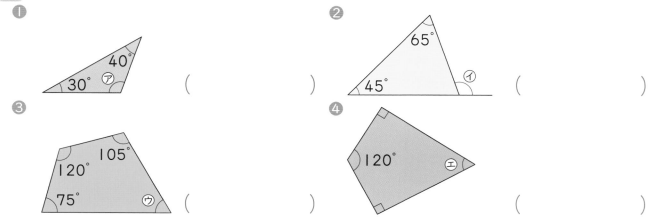

①　　　　　　　　　　　　　　　　　　　②

（　　　　　　　）　　　　　　　　（　　　　　　　）

③　　　　　　　　　　　　　　　　　　　④

（　　　　　　　）　　　　　　　　（　　　　　　　）

□ 体積や容積を求めることができたかな？
□ 小数のかけ算やわり算ができたかな？

☆5年の復習

まとめのテスト❷

時間 **20** 分

得点

/100点

教科書 260～264ページ　答え 22ページ

1 次の整数を、偶数と奇数に分けましょう。　1つ3〔6点〕

　　2、3、7、13、16、17、21、24、29、30

　　　　　　　　　　　　偶数（　　　　　　　）　奇数（　　　　　　　）

2 （　　　）の中の数の最小公倍数を求めましょう。　1つ3〔12点〕

　❶ （5、9）　　❷ （12、27）　　❸ （11、22）　　❹ （4、6、9）

　　（　　　　）　　（　　　　）　　（　　　　）　　（　　　　）

3 （　　　）の中の2つの数の公約数を全部かきましょう。また、最大公約数を求めましょう。

　❶ （20、25）　　　　❷ （16、32）　　　　❸ （5、12）　1つ3〔18点〕

　　公約数（　　　　）　　　公約数（　　　　）　　　公約数（　　　　）

　最大公約数（　　　　）　最大公約数（　　　　）　最大公約数（　　　　）

4 次の分数を通分して大きさを比べ、□にあてはまる不等号をかきましょう。　1つ4〔12点〕

　❶ $\frac{3}{8}$□$\frac{2}{7}$　　　❷ $\frac{7}{12}$□$\frac{2}{3}$　　　❸ $1\frac{3}{5}$□$1\frac{5}{8}$

5 次の計算をしましょう。　1つ3〔18点〕

　❶ $\frac{7}{12}+\frac{3}{16}$　　❷ $\frac{1}{10}+\frac{1}{15}$　　❸ $\frac{5}{12}+1\frac{3}{8}$

　❹ $\frac{2}{3}-\frac{4}{7}$　　　❺ $\frac{13}{15}-\frac{9}{20}$　　❻ $4\frac{1}{9}-2\frac{1}{6}$

6 A校の6年の先生の年れいとB校の6年の先生の年れいは、下の表のとおりです。どちらの学校の6年の先生のほうが平均年れいがわかいですか。　1つ5〔10点〕

A校	58才	40才	28才	35才	34才
B校	52才	32才	41才	38才	

式

答え（　　　　　　　）

7 右の表は、A、B2つの畑の面積と、畑からとれたみかんの重さを表しています。どちらの畑のほうがよくとれたといえますか。　〔6点〕

	重さ(kg)	面積(m²)
A	400	160
B	364	140

（　　　　　　　）

8 下の図形の面積を求めましょう。　1つ3〔18点〕

❶

6.5cm
8cm
平行四辺形

（　　　　　）

❷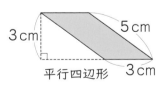

3cm　5cm
3cm
平行四辺形

（　　　　　）

❸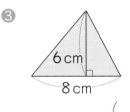

6cm
8cm

（　　　　　）

❹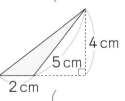

4cm
5cm
2cm

（　　　　　）

❺

4cm
5.5cm
8cm

（　　　　　）

❻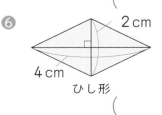

2cm
4cm
ひし形

（　　　　　）

 チェック ✓　□公倍数や公約数を求めることができたかな？
　　　　　　　　　　　□いろいろな図形の面積を求めることができたかな？

111

☆5年の復習

まとめのテスト❸

教科書 260〜264ページ　答え 22ページ

時間 **20**分

得点 ／100点

---

1 底辺の長さが 6cm の平行四辺形の高さを 1cm ずつ変えていったときの、高さと面積の関係を調べます。

1つ4〔16点〕

① 右の表にあてはまる数をかきましょう。

② 高さを□cm、面積を△cm² として、□と△の関係を式に表しましょう。

(　　　　　　　　　　)

③ 高さが 7.5cm のときの面積を求めましょう。

式　　　　　　　　　　　　　　　　　　　　答え (　　　　　　　)

高さ（cm）	1	2	3	4	5
面積（cm²）	6				

---

2 商を分数で表しましょう。

1つ4〔12点〕

① 1÷11　　　　　　② 8÷9　　　　　　③ 13÷8

(　　　　　)　　　　(　　　　　)　　　　(　　　　　)

---

3 どちらが大きいですか。□にあてはまる不等号をかきましょう。

1つ4〔12点〕

① $\frac{5}{8}$ □ 0.6　　　　② 0.3 □ $\frac{4}{15}$　　　　③ $3\frac{2}{7}$ □ 3.4

---

4 しゅんさんは 600m を 4 分で走ります。

1つ3〔12点〕

① しゅんさんの分速を求めましょう。

式　　　　　　　　　　　　　　　　　　　　答え (　　　　　　　)

② しゅんさんが 900m を走るのにかかる時間を求めましょう。

式　　　　　　　　　　　　　　　　　　　　答え (　　　　　　　)

---

5 次の百分率や歩合で表した割合を小数で、小数で表した割合を百分率で表しましょう。

① 7%　　　　② 92%　　　　③ 8 割　　　　④ 0.58　　　1つ3〔12点〕

(　　　)　　(　　　)　　(　　　)　　(　　　)

---

6 □にあてはまる数をかきましょう。

1つ3〔12点〕

① 18L は、30L の □ % です。　　② 51kg は、34kg の □ % です。

③ 3.6km の 75% は、□ km です。　　④ □ 人の 80% は、480 人です。

---

7 右のような角柱があります。

1つ3〔12点〕

① この角柱を何といいますか。　　　　　　　　(　　　　　　)

② 面の数は、全部でいくつありますか。　　　　(　　　　　　)

③ 辺の数は、全部でいくつありますか。　　　　(　　　　　　)

④ 頂点の数は、全部でいくつありますか。　　　(　　　　　　)

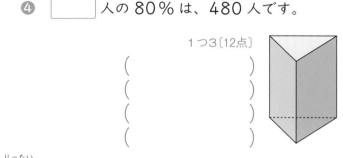

8 右のような、底面が半径 7cm の円である立体があります。

1つ4〔12点〕

① この立体を何といいますか。　　　　　　(　　　　　　)

② 底面の円周の長さを求めましょう。

式　　　　　　　　　　　　答え (　　　　　　)

ふろくの「計算練習ノート」28〜29ページをやろう！

チェック ✓　□ 割合や速さの計算ができたかな？
　　　　　　　□ 立体の性質がわかったかな？

1 □にあてはまる数をかきましょう。 1つ6〔12点〕

❶ $3.508 = 1 \times \boxed{} + 0.1 \times \boxed{}$

$+ 0.01 \times \boxed{} + 0.001 \times \boxed{}$

❷ 42.16 の 100 倍は $\boxed{}$ 、1000 倍は

$\boxed{}$ 、$\frac{1}{100}$ は $\boxed{}$ 、$\frac{1}{1000}$ は

$\boxed{}$ です。

2 下の三角形と合同な三角形をかきましょう。 〔10点〕

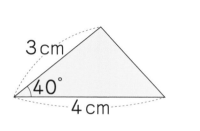

3 cm
40°
4 cm

3 次のような形の体積を求めましょう。 1つ6〔18点〕

❶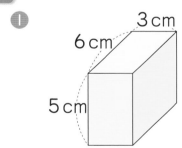

3 cm
6 cm
5 cm

（　　　　　）

❷

3 m
3 m
3 m

（　　　　　）

❸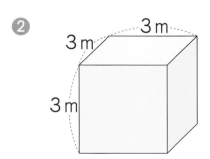

10 cm
7 cm
5 cm
5 cm
16 cm

（　　　　　）

4 次の計算をしましょう。わり算はわりきれるまで計算しましょう。 1つ6〔36点〕

❶ 13×6.2　　❷ 3.5×1.6

（　　　　　）（　　　　　）

❸ 0.84×0.15　　❹ $6 \div 0.5$

（　　　　　）（　　　　　）

❺ $1.47 \div 3.5$　　❻ $0.88 \div 3.2$

（　　　　　）（　　　　　）

5 商は整数だけにして、あまりも求めましょう。 1つ6〔12点〕

❶ $9.4 \div 1.3$　　❷ $63.2 \div 4.7$

（　　　　　）（　　　　　）

6 3.5 m のリボンから、0.8 m のリボンを切り取っていくと、何本取れて何 m あまりますか。 1つ6〔12点〕

式

答え（　　　　　）

時間 30分

名前　　　　　　　　　　得点

おわったら
シールを
はろう

/100点

教科書　12〜89ページ　答え　23ページ

1 下の三角形と合同な三角形をかきましょう。　〔8点〕

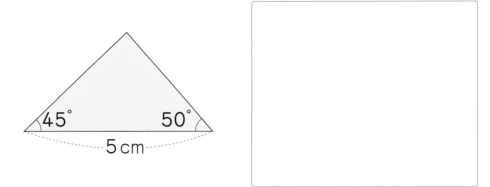

45°　50°
5cm

2 右の水そうの容積は何cm³ですか。また、何Lですか。
1つ5〔10点〕

36cm　50cm　25cm

cm³（　　　　　）　L（　　　　　）

3 次のともなって変わる2つの量、□と△の関係を式に表しましょう。　1つ5〔10点〕

❶ 1mのねだんが80円のリボンの長さ□mと、代金△円

（　　　　　　　　　　）

❷ まわりの長さが50cmの長方形のたての長さ□cmと、横の長さ△cm

（　　　　　　　　　　）

4 □にあてはまる数をかきましょう。　1つ6〔12点〕

❶ 3.2×4×2.5＝3.2×（□×2.5）＝□

❷ 4.3×7.6＋5.7×7.6＝（□＋□）×7.6
＝□

5 次の計算をしましょう。わり算はわりきれるまで計算しましょう。
1つ6〔36点〕

❶ 1.6×3.8　　　❷ 0.44×7.5

（　　　　　）　（　　　　　）

❸ 2.25×0.24　　❹ 19.2÷1.2

（　　　　　）　（　　　　　）

❺ 2.4÷2.5　　　❻ 12÷6.4

（　　　　　）　（　　　　　）

6 商は四捨五入して、上から2けたのがい数で求めましょう。　1つ6〔12点〕

❶ 8.6÷2.4　　　❷ 25.4÷5.6

（　　　　　）　（　　　　　）

7 2.4mの重さが6.72kgのパイプがあります。このパイプ1mの重さは何kgですか。
1つ6〔12点〕

式

答え（　　　　　　　　　）

冬休みのテスト②

1 バスターミナルから、北町行きのバスは 12 分おきに、南町行きのバスは 9 分おきに発車します。午前 8 時 40 分に、2 つのバスが同時に発車しました。次に同時に発車するのは、何時何分ですか。　〔6点〕

（　　　　　　　　）

2 次の問題に答えましょう。　1つ4〔12点〕

❶ 27 の約数と 36 の約数を、それぞれ全部かきましょう。

27 の約数（　　　　　　　　）

36 の約数（　　　　　　　　）

❷ 27 と 36 の最大公約数を求めましょう。

（　　　　　　　　）

3 （　）の中の分数を通分しましょう。　1つ4〔8点〕

❶ $\left(\dfrac{5}{6}、\dfrac{4}{9}\right)$　　　❷ $\left(\dfrac{5}{8}、\dfrac{11}{36}\right)$

（　　　　　）（　　　　　）

4 次の計算をしましょう。　1つ5〔30点〕

❶ $\dfrac{1}{3}+\dfrac{7}{6}$　　　❷ $1\dfrac{3}{10}+\dfrac{8}{15}$

（　　　　　）（　　　　　）

❸ $\dfrac{11}{12}-\dfrac{3}{4}$　　　❹ $2\dfrac{2}{5}-1\dfrac{11}{15}$

（　　　　　）（　　　　　）

❺ $\dfrac{1}{4}+\dfrac{1}{3}-\dfrac{1}{5}$　　　❻ $1\dfrac{1}{2}-\dfrac{3}{4}-\dfrac{5}{12}$

（　　　　　）（　　　　　）

5 右の表は、AとB の畑の面積と、とれたじゃがいもの重さを表したものです。

	面積(m²)	とれた重さ(kg)
A	150	480
B	400	1120

1つ4〔12点〕

❶ AとB それぞれの畑で、1m² あたりにとれたじゃがいもの重さを求めましょう。

A（　　　　　　　）　B（　　　　　　　）

❷ じゃがいもがよくとれたといえるのは、A、Bどちらの畑ですか。

（　　　　　　　　）

6 次の問題に答えましょう。　1つ4〔12点〕

❶ 4÷7 の商を分数で表しましょう。

（　　　　　　　　）

❷ $\dfrac{5}{8}$ を小数で表しましょう。

（　　　　　　　　）

❸ 0.57 を分数で表しましょう。

（　　　　　　　　）

7 □ にあてはまる数をかきましょう。　1つ4〔12点〕

❶ 25 L は、125 L の ▢ ％ です。

❷ 480 円の 40 ％ は ▢ 円です。

❸ 300 円は、▢ 円の 60 ％ です。

8 次の円周の長さを求めましょう。　1つ4〔8点〕

❶ 直径 15 cm の円

（　　　　　　　　）

❷ 半径 9 cm の円

（　　　　　　　　）

冬休みのテスト①

1 次の問題に答えましょう。　　　1つ3〔9点〕

① 4の倍数と6の倍数を、それぞれ小さいほうから順に3つかきましょう。

4の倍数（　　　　　　　　　　）

6の倍数（　　　　　　　　　　）

② 4と6の最小公倍数を求めましょう。

（　　　　　　　　　）

2 次の分数を約分しましょう。　　　1つ3〔6点〕

① $\dfrac{26}{65}$　　　② $\dfrac{72}{90}$

（　　　　　）　　（　　　　　）

3 次の計算をしましょう。　　　1つ4〔16点〕

① $\dfrac{2}{3}+\dfrac{1}{8}$　　　② $1\dfrac{4}{5}+\dfrac{7}{10}$

（　　　　　）　　（　　　　　）

③ $\dfrac{7}{9}-\dfrac{1}{6}$　　　④ $2\dfrac{2}{3}-1\dfrac{5}{12}$

（　　　　　）　　（　　　　　）

4 次の重さの平均を求めましょう。　　　1つ4〔8点〕

185kg　205kg　192kg　190kg　188kg　198kg

式

答え（　　　　　　　　　）

5 次の問題に答えましょう。　　　1つ4〔24点〕

① 14kmの道のりを4時間で歩く人の速さは時速何kmですか。

式

答え（　　　　　　　　　）

② 秒速15mの自動車が2.7kmの道のりを進むのにかかる時間は何分ですか。

式

答え（　　　　　　　　　）

③ 時速90kmで走る電車が48分間に進む道のりは何kmですか。

式

答え（　　　　　　　　　）

6 小数で表した割合を百分率で、百分率で表した割合を小数で表しましょう。　　　1つ3〔12点〕

① 0.08　　　② 0.63

（　　　　　）　　（　　　　　）

③ 27%　　　④ 105%

（　　　　　）　　（　　　　　）

7 600円のケーキを、25%引きのねだんで買いました。代金はいくらですか。　　　1つ5〔10点〕

式

答え（　　　　　　　　　）

8 右の図のように、円の中に正五角形があります。点Oは円の中心です。あ、い、うの角度は何度ですか。　　　1つ5〔15点〕

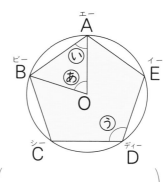

あ（　　　　　　　　　）

い（　　　　　）　う（　　　　　）

●勉強した日　月　日

実力判定テスト　学年末のテスト①

時間 30分

名前　　　　　　　得点

/100点

おわったら シールを はろう

教科書　12〜251ページ　答え　24ページ

1 1.8 L の水を、右の図のような内のりの1辺が15cmの立方体の形をした入れ物にうつします。水の深さは何cmになりますか。　〔10点〕

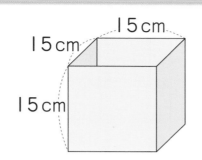

15cm
15cm
15cm

（　　　　　　　）

2 次の計算をしましょう。わり算はわりきれるまでしましょう。　1つ5〔30点〕

❶ 14.5×0.6　　❷ 0.4×0.03

（　　　　）（　　　　）

❸ 1.24×0.75　　❹ 2.79÷1.86

（　　　　）（　　　　）

❺ 12÷7.5　　❻ 0.16÷2.5

（　　　　）（　　　　）

3 □にあてはまる数をかきましょう。　1つ5〔20点〕

❶ 80m は 500m の ▢ ％ です。

❷ 150本の70%は ▢ 本です。

❸ ▢ L の 60% は 360 L です。

❹ 480円は ▢ 円の 75% です。

4 ある小学校の昨年の児童数は、600人でした。今年は昨年に比べると、4%増えたそうです。今年の児童数を求めましょう。　1つ5〔10点〕

式

答え（　　　　　　　）

5 次の問題に答えましょう。　1つ6〔12点〕

❶ 半径が4cmの円の円周の長さは何cmですか。

（　　　　　　　）

❷ 円周の長さが62.8cmの円の半径は何cmですか。

（　　　　　　　）

6 次の図形の面積を求めましょう。　1つ6〔18点〕

❶ 平行四辺形

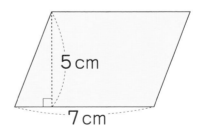

5cm
7cm

（　　　　　　　）

❷

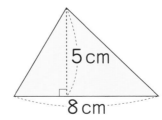

5cm
8cm

（　　　　　　　）

❸

5cm
5cm
9cm

（　　　　　　　）

実力判定テスト

学年末のテスト②

時間 30分

名前

得点 /100点

おわったらシールをはろう

教科書 12〜251ページ　答え 24ページ

1 次の計算をしましょう。　　1つ5〔30点〕

❶ $\dfrac{1}{2}+\dfrac{3}{8}$

❷ $\dfrac{1}{6}+\dfrac{3}{10}$

(　　　　　)　　(　　　　　)

❸ $1\dfrac{3}{4}+1\dfrac{1}{6}$

❹ $\dfrac{4}{9}-\dfrac{1}{3}$

(　　　　　)　　(　　　　　)

❺ $\dfrac{3}{10}-\dfrac{2}{15}$

❻ $2\dfrac{5}{6}-1\dfrac{7}{18}$

(　　　　　)　　(　　　　　)

2 次の問題に答えましょう。　　1つ5〔20点〕

❶ 5km の道のりを 25 分で走る人の速さは分速何 m ですか。

式

答え(　　　　　)

❷ 分速 600m で走るバスが 2 時間で進む道のりは何km ですか。

式

答え(　　　　　)

3 次の得点の平均を求めましょう。　　1つ5〔10点〕

18点　21点　22点　25点　19点　15点

式

答え(　　　　　)

4 右の円グラフは、めぐみさんの妹の 1 日 24 時間の生活時間の割合を表したものです。　1つ6〔18点〕

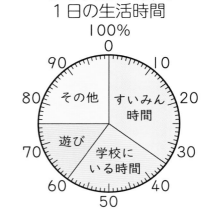

めぐみさんの妹の
1 日の生活時間

❶ すいみん時間の割合は、何% ですか。

(　　　　　)

❷ すいみん時間は、学校にいる時間の何倍ですか。

(　　　　　)

❸ 学校にいる時間は、何時間ですか。

(　　　　　)

5 右の図は、ある立体の展開図です。　1つ6〔12点〕

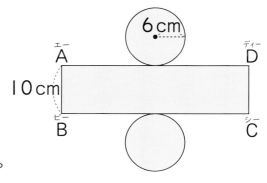

❶ この展開図を組み立ててできる立体の名前を答えましょう。

(　　　　　)

❷ 辺AD の長さは何cm ですか。

(　　　　　)

6 次の㋐と㋑について、問題に答えましょう。　1つ5〔10点〕

㋐ □円のものを買って 500 円出したときのおつりを△円とする。

㋑ 1 本 60 円のえんぴつを□本買ったときの代金を△円とする。

❶ △が□に比例するものはどちらですか。

(　　　　　)

❷ ㋐で、□と△の関係を式に表しましょう。

(　　　　　)

●勉強した日　　月　　日

名前　　　　　　　得点

おわったら
シールを
はろう

/100点

実力判定テスト　まるごと　文章題テスト②

時間
30分

いろいろな文章題にチャレンジしよう！　答え　24ページ

1 2mのねだんが150円のリボンがあります。このリボン4.4mの代金はいくらですか。　1つ5〔10点〕

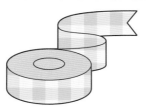

式

答え（　　　　　　　　）

2 体積が9.6m³の直方体があります。たての長さが2.5m、横の長さが1.6mであるとき、直方体の高さは何mですか。　1つ5〔10点〕

式

答え（　　　　　　　　）

3 今年とれた米の量は102kgで、昨年の0.85倍だそうです。昨年とれた米の量は何kgですか。　1つ5〔10点〕

式

答え（　　　　　　　　）

4 たて6cm、横10cmの長方形の色紙を、同じ向きにすきまなくしきつめてできる、いちばん小さい正方形を作りました。　1つ10〔20点〕

❶ この正方形の1辺の長さは何cmですか。

（　　　　　　　　）

❷ しきつめた色紙は何まいですか。

（　　　　　　　　）

5 まいさんの家から学校までの道のりは $\frac{7}{10}$ km、図書館までの道のりは $\frac{11}{15}$ km です。どちらがどれだけ遠いですか。　1つ5〔10点〕

式

答え（　　　　　　　　）

6 自動車Ａは、36Lのガソリンで540km走ります。自動車Ｂは、25Lのガソリンで450km走ります。同じ道を360km走るとき、使うガソリンの量の差は何Lですか。　1つ5〔10点〕

式

答え（　　　　　　　　）

7 さやさんは、駅から公園まで、片道4.5kmの道のりを往復しました。　1つ6〔18点〕

❶ 行きは午前9時30分に駅を出発して、分速90mで歩きました。公園に着くのは何時何分ですか。

（　　　　　　　　）

❷ 帰りは1時間15分かけて駅に戻りました。帰りは分速何mで歩きましたか。

式

答え（　　　　　　　　）

8 ジュースが2.5Lありました。昨日そのうちの20％を飲み、今日は残りの40％を飲みました。ジュースは何L残っていますか。　1つ6〔12点〕

式

答え（　　　　　　　　）

実力判定テスト まるごと 文章題テスト①

●勉強した日　月　日

名前　　　　　得点　　　　/100点

時間 30分

いろいろな文章題にチャレンジしよう！　答え 24ページ

おわったらシールをはろう

1 1m の重さが 1.6kg の金属（きんぞく）のぼうがあります。このぼう 1.75m の重さは何 kg ですか。　1つ5〔10点〕

式

答え（　　　　　）

2 28.5L のジュースを 1.8L ずつに分けます。何本に分けることができますか。また、ジュースは何 L あまりますか。　1つ5〔10点〕

式

答え 本数（　　　　　）　あまり（　　　　　）

3 ある駅では、電車が 15 分おきに、バスが 25 分おきに発車します。午後 1 時に電車とバスが同時に発車しました。次に同時に発車するのは、何時何分ですか。　〔10点〕

（　　　　　）

4 $2\frac{2}{3}$ L の油があります。そのうち $\frac{7}{6}$ L を使いました。残りの油は何 L ですか。　1つ5〔10点〕

式

答え（　　　　　）

5 なおみさんは計算テストを 5 回受けて、得点の合計は 85 点でした。30 回受けたときの合計点は、およそ何点になると予想されますか。　1つ5〔10点〕

式

答え（　　　　　）

6 はやとさんは 900m を 12 分で歩きます。　1つ5〔20点〕

❶ はやとさんの歩く速さは、時速何 km ですか。

式

答え（　　　　　）

❷ はやとさんが 3.6km の道のりを歩くと何分かかりますか。

式

答え（　　　　　）

7 りんごとバナナとみかんが 1 つずつあります。りんごの重さはバナナの重さの 1.6 倍で、バナナの重さは 120g、みかんの重さは 150g です。　1つ5〔20点〕

❶ みかんの重さは、バナナの重さの何倍ですか。

式

答え（　　　　　）

❷ りんごの重さは何 g ですか。

式

答え（　　　　　）

8 まなさんは 480 円持ってお店に行き、216 円のおかしを買いました。残りのお金は、持っていたお金の何 % にあたりますか。　1つ5〔10点〕

式

答え（　　　　　）

答えとてびき

「答えとてびき」は、とりはずすことができます。

日本文教版

算数 5 年

① 数のしくみを調べよう

2ページ 基本のワーク

基本① 0.1、0.01、0.001　答え 7、3、5、2、9

① ① 1、0.1、0.01　② 34.18

② 大きい数：986.42　小さい数：246.89

基本② 1、右、1、左

答え 10倍：312.5　　　100倍：3125

1000倍：31250　$\frac{1}{10}$：3.125

$\frac{1}{100}$：0.3125　$\frac{1}{1000}$：0.03125

③ 10倍：634　100倍：6340

1000倍：63400　$\frac{1}{10}$：6.34

$\frac{1}{100}$：0.634　$\frac{1}{1000}$：0.0634

てびき

② 百の位から順に、大きい数字からならべると、いちばん大きい数になります。

③ 小数を10倍、100倍、…すると、小数点は右へ1けた、2けた、…と移ります。$\frac{1}{10}$、$\frac{1}{100}$、…にすると、小数点は左へ1けた、2けた、…と移ります。

3ページ まとめのテスト

1 ① 3、9　② 4、5、0、8　③ 9、7、2、6

2 ① 10倍　② $\frac{1}{100}$　③ 1000倍　④ $\frac{1}{1000}$

3 ① 10倍：31.5　100倍：315

1000倍：3150

$\frac{1}{10}$：0.315　$\frac{1}{100}$：0.0315　$\frac{1}{1000}$：0.00315

---

② 10倍：257　　　100倍：2570

1000倍：25700　$\frac{1}{10}$：2.57

$\frac{1}{100}$：0.257　$\frac{1}{1000}$：0.0257

4 ① 375　② 724　③ 3.75　④ 0.0724

5 ① 13.479　② 97.431　③ 39.741

てびき

2 10倍、100倍、1000倍、…すると、小数点は右へ1けたずつ移ります。$\frac{1}{10}$、$\frac{1}{100}$、$\frac{1}{1000}$、…にすると、小数点は左へ1けたずつ移ります。

5 ① 十の位から順に、小さい数字からならべると、いちばん小さい数になります。

③ 十の位が3の数の中でいちばん大きい数と、十の位が4の数の中でいちばん小さい数を考えて、どちらが40に近いか比べます。

② 直方体や立方体のかさを表そう

4・5ページ 基本のワーク

基本① 体積、1、立方センチメートル、cm³、60、64、64、60、4

答え ⑦、4

① ① 18cm³　② 14cm³　③ 1cm³

基本② ⑦ 8、3、24　　⑦ 9、3、27

答え ⑦ 24　⑦ 27

② ① 144cm³　② 108cm³　③ 8cm³

④ 343cm³

基本③ 《1》 3、60、5、4、3、60、120

《2》 7、140、5、20、120　　答え 120

❸ ❶ 875cm³　❷ 3660cm³

てびき **❶** ❸ 1cm³の立方体の半分のものが2個分なので、1cm³の立方体1個分です。
❷ ❶ 3×6×8=144
　　❹ 7×7×7=343
❸ ❶ 10×10×10−5×5×5
　　　　=1000−125=875
　　❷ 12×25×15−12×7×10
　　　　=4500−840=3660

たしかめよう!
直方体の体積=たて×横×高さ
立方体の体積=1辺×1辺×1辺

6・7ページ　基本のワーク

基本❶ 立方メートル、m³、3、1、15　　答え 15
❶ ❶ 27m³　❷ 45m³
　　❸ 120m³　❹ 120m³
基本❷ 100、100、100、100、1000000、1000000、2000000　　答え 2000000
❷ 式 2×4×1=8、8m³=8000000cm³
　　　　　　　　　　　答え 8000000cm³
❸ ❶ 5000000cm³　❷ 9m³
基本❸ 内のり、容積、2、3、2、6、1、3
3、6、3、54　　　　　　　　答え 54
❹ 式 12−4=8、24−4=20、16−2=14
　　8×20×14=2240　　　答え 2240cm³

てびき **❷** cmになおして計算すると、
200×400×100=8000000(cm³)
❸ 1m³=1000000cm³です。
❹ 外側と内のりの大きさの差は、たてと横では板2まい分ですが、深さは板1まい分です。

8・9ページ　基本のワーク

基本❶ 10、15、12、1800、1000、1800、1.8　　答え 1.8
❶ 式 14×25×16=5600
　　5600÷1000=5.6　　　答え 5.6L
基本❷ 2、5、1、10、10、1000、10、10000　　答え 10000
❷ 式 7×10×8=560
　　560×1000=560000　　答え 560000L
❸ ❶ 7000　❷ 2.53　❸ 430
　　❹ 60　❺ 2000　❻ 6.3

基本❸ 2、8、8、8、8、128
　　　　答え たて：8　横：8　容積：128
❹ ❶

深さ(cm)	1	2	3	4	5
たて(cm)	10	8	6	4	2
横(cm)	10	8	6	4	2
容積(cm³)	100	128	108	64	20

　　❷ 2cm

てびき **❸** ❶ 7×1000=7000
　　❷ 2530÷1000=2.53
　　❻ 6300÷1000=6.3

たしかめよう!
1L=1000cm³、1cm³=1mL、1m³=1000L

10ページ　練習のワーク

❶ ❶ 140cm³　❷ 512cm³　❸ 80m³
❷ ❶ 132cm³　❷ 750cm³
❸ ❶ 式 5×20×30=3000、3000cm³=3L
　　　　　　　　答え 3000cm³、3L
　　❷ 式 40×25×80=80000、
　　　　80000cm³=80L
　　　　　　　　答え 80000cm³、80L
❹ ❶ 1、1、1
　　❷ 1、1、1
　　❸ 100、100、100、1000000
　　❹ 10、10、10、1000

てびき **❶** ❶ 4×7×5=140
　　❷ 8×8×8=512
❷ ❶ 8×8×3−4×5×3=192−60=132
　　❷ 10×10×10−5×5×10
　　　　=1000−250=750
❸ 1L=1000cm³

11ページ　まとめのテスト

1 ❶ 96cm³　❷ 156cm³　❸ 375m³
2 式 10−2=8、12−2=10、8−1=7
　　8×10×7=560　　　　答え 560cm³
3 ❶ 4000　❷ 120　❸ 500
　　❹ 1800　❺ 500　❻ 3
4 式 1000÷(4×10)=25　　答え 25cm
5 式 60×60×60=216000
　　20×20×10=4000
　　216000÷4000=54　　答え 54 はい

2

てびき

1 ① $4×6×4=96$

② $4×8×6-4×3×3=192-36=156$

③ $10×10×5-5×5×5$
$=500-125=375$

2 外側と内のりの大きさの差は、たてと横では板2まい分ですが、深さは板1まい分になります。

4 深さを□cmとすると、$4×10×□=1000$

---

③ ともなって変わる2つの量の関係を調べよう

12・13ページ 基本のワーク

基1 ① 12、2、24、4、3、36、4、4、48

答え

高さ□（cm）	1	2	3	4
体積△（cm³）	12	24	36	48

② ×2↑ ×2↑ ×2↑ 2、3、比例
×3
×4

答え 2、3

③ ↑↑ ÷2 2、3
÷3

答え 2、3

④ 12、12 答え $12×□=△$

1 ①

高さ□（cm）	1	2	3	4
体積△（cm³）	16	32	48	64

② 2倍、3倍、…になる。 ③ $16×□=△$

④ 比例している。

2 ① 表の左から順に

㋐ 9、8、7、6、5、4

㋑ 60、120、180、240、300、360

㋒ 4、8、12、16、20、24

② 2倍、3倍、…になる。 ③ $□×4=△$

④ ㋑、㋒

てびき

1 ③ 体積△cm³は、高さ□cmの16倍になっています。

2 ① ㋑ （代金）=60×（ロープの長さ）

③ まわりの長さ△cmは、1辺の長さ□cmの4倍になっています。

④ □が2倍、3倍、…になると、それに対応する△も2倍、3倍、…になるものを選びます。

14・15ページ 基本のワーク

基1 ① 12、13、3、14、3、15

② 1、1 ③ 3

答え

入れる水の量（L）	8	9	10	11	12
水そうの水の量（L）	11	12	13	14	15

② 1 ③ 3

1 ①

さとうの重さ（g）	1	2	3	4	5
全体の重さ（g）	3	4	5	6	7

② 1gずつ増える。

③ 2大きくなる。

④ $□+2=△$

基2 ② 2、2

③ 《1》1、1 《2》2

答え

正三角形の数（個）	1	2	3	4	5
ぼうの数（本）	3	5	7	9	11

② 2 ③ 1、2

2 ①

正方形の数（個）	1	2	3	4	5
ご石の数（個）	8	13	18	23	28

② ㋐ 5、1 ㋑ 5

てびき

1 ④ △は□より2大きくなります。

2 正方形が1つ増えると、ご石は5個増えます。

16ページ 練習のワーク

1 ① 表の左から順に 3、6、9、12、15

② 2倍、3倍、…になる。 ③ $□×3=△$

④ 比例している。

2 ①

正三角形の数（個）	1	2	3	4	5
ご石の数（個）	9	14	19	24	29

② ㋐ 5、1 ㋑ 5

③ 式 $4+5×20=104$ 答え 104個

てびき

1 ① $1×3=3$、$2×3=6$、$3×3=9$

2 正三角形が1つ増えると、ご石は5個増えます。

17ページ まとめのテスト

1 ① 表の左から順に 15、30、45、60、75

② 2倍、3倍、…になる。 ③ $15×□=△$

④ 比例している。

2 ① ㋐、㋑ ② $3×□=△$

3 ①

おもりの数（個）	1	2	3	4	5
ばね全体の長さ（cm）	9	12	15	18	21

❷ 6＋3×□＝△
❸ 式 6＋3×20＝66 答え 66cm

てびき
1 ❸ 体積△cm³は、高さ□cmの15倍になっています。
2 ❶ 1つの量が2倍、3倍、…になると、それに対応するもう1つの量も2倍、3倍、…になるものを選びます。
❷ （全体の重さ）＝3×（くぎの本数）
3 ❷ ばね全体の長さは、はじめのばねの長さとばねののびの長さの和になります。

たしかめよう！
1つの量が2倍、3倍、…になると、それに対応するもう1つの量も2倍、3倍、…になるとき、2つの量は比例するといいます。

④ 小数をかける計算のしかたを考えよう

18・19ページ 基本のワーク

基本1 《1》34、204
《2》204、2040 答え 204
❶ ❶ 10、167.7 ❷ 10、355.2
❷ 式 90×2.3＝207 答え 207g
基本2 《1》4、10、10、28
《2》28、10倍する、10でわる、280 答え 28
❸ 式 30×0.6＝18 答え 18g
❹ ❶ 36 ❷ 48 ❸ 63
基本3 《1》3.12、10倍する、10でわる、31.2
《2》3.12、100でわる 答え 3.12

❺
❶ 2.5 ×3.7 = 175 / 75 / 9.25
❷ 7.9 ×2.5 = 395 / 158 / 19.75
❸ 3.8 ×0.9 = 3.42
❹ 7.6 ×0.8 = 6.08

❻ ❶ 89.1 ❷ 89.1 ❸ 8.91
基本4 2けた、100倍する、3けた、3.912、1000でわる 答え 3.912

❼
❶ 1.63 ×1.7 = 1141 / 163 / 2.771
❷ 0.37 ×3.9 = 333 / 111 / 1.443
❸ 8.7 ×2.34 = 348 / 261 / 174 / 20.358
❹ 6.5 ×0.65 = 325 / 390 / 4.225

たしかめよう！
小数のかけ算は、小数点がないものとして計算し、最後に積の小数点を、かけられる数とかける数の小数部分のけた数の和だけ右から数えてうちます。

20・21ページ 基本のワーク

基本1
❶ 2.4 ×1.5 = 120 / 24 / 3.60 答え 3.6
❷ 5.6 ×2.5 = 280 / 112 / 14.00 答え 14

❶
❶ 6.5 ×4.2 = 130 / 260 / 27.30
❷ 0.68 ×3.5 = 340 / 204 / 2.380
❸ 14 ×0.35 = 70 / 42 / 4.90
❹ 2.5 ×7.2 = 50 / 175 / 18.00
❺ 16.5 ×4.4 = 660 / 660 / 72.60
❻ 40 ×0.25 = 200 / 80 / 10.00

基本2
❶ 2.6 ×0.32 = 52 / 78 / 0.832 答え 0.832
❷ 0.34 ×0.22 = 68 / 68 / 0.0748 答え 0.0748

❷
❶ 6.2 ×0.13 = 186 / 62 / 0.806
❷ 0.24 ×3.6 = 144 / 72 / 0.864
❸ 0.6 ×0.42 = 12 / 24 / 0.252
❹ 0.34 ×0.26 = 204 / 68 / 0.0884
❺ 0.63 ×0.11 = 63 / 63 / 0.0693
❻ 0.12 ×0.35 = 60 / 36 / 0.0420

基本3 ＞、＝、＜ 答え ⑦、⑦、⑦
❸ ⑤、②、⑥

基本4 《1》2.1384、1000倍する、10000倍になる、10000でわる
《2》3けた、1000倍する、4けた、2.1384、10000でわる 答え 2.1384

❹
❶ 0.539 ×2.3 = 1617 / 1078 / 1.2397
❷ 0.438 ×0.6 = 0.2628
❸ 25.5 ×0.338 = 2040 / 765 / 765 / 8.6190
❹ 43.8 ×0.556 = 2628 / 2190 / 2190 / 24.3528

❺ ❶ 99.4 ❷ 9.94 ❸ 9.94

① 小数点以下のいちばん右の 0 は消しましょう。

③ かける数が 1 より小さいとき、積はかけられる数より小さくなります。

22・23ページ 基本のワーク

基本**1** **①** 8.91　　　　　　　　答え 8.91
　　　② 0.288　　　　　　　　答え 0.288

① **①** 式 3.6×7.2=25.92　　答え 25.92cm²
　　② 式 4.5×4.5=20.25　　答え 20.25cm²

② **①** 式 0.5×1.3×0.7=0.455 答え 0.455cm³
　　② 式 2.7×2.7×2.7=19.683

　　　　　　　　　　　　　答え 19.683cm³

基本**2** 17.92、17.92

　　　　　　　答え ⑦ 17.92　⑦ 17.92

③ **①** 3.7　**②** 2.8

④ **①** 7.2×2×5=7.2×10=72
　　② 2.5×7×4=2.5×4×7=10×7=70

基本**3** 《1》10、50
　　　《2》1.4、7、50　　　　　答え 50

⑤ **①** 2.3×4.2+2.3×5.8=2.3×(4.2+5.8)
　　　　　　　　　　　　　=2.3×10=23
　　② 1.5×7.2−1.5×2.2=1.5×(7.2−2.2)
　　　　　　　　　　　　　=1.5×5=7.5
　　③ 0.4×7.7+0.4×2.3=0.4×(7.7+2.3)
　　　　　　　　　　　　　=0.4×10=4
　　④ 0.7×6.2−0.7×1.2=0.7×(6.2−1.2)
　　　　　　　　　　　　　=0.7×5=3.5

④ かけて 10 や 100 になる計算にならべかえて、先に計算しましょう。

⑤ (□＋○)×△＝□×△＋○×△
　　(□−○)×△＝□×△−○×△

24ページ 練習のワーク

① **①**
```
      5.7
  ×   6.9
      5 1 3
    3 4 2
    3 9.3 3
```
②
```
      2.8
  × 0.3 9
      2 5 2
    8 4
    1.0 9 2
```
③
```
      0.3 7
  ×     7.2
        7 4
      2 5 9
      2.6 6 4
```
④
```
      0.5 6
  ×     4.5
      2 8 0
    2 2 4
    2.5 2 0̸
```
⑤
```
      0.6 5
  ×     5.2
      1 3 0
    3 2 5
    3.3 8 0̸
```
⑥
```
      0.4 2
  ×   0.2 9
      3 7 8
      8 4
    0.1 2 1 8
```
⑦
```
      4 0
  × 0.8
    3 2.0̸
```
⑧
```
      5 0
  × 0.2 8
    4 0 0
    1 0 0
    1 4.0̸ 0̸
```
⑨
```
      8 0 0
  ×   0.2 5
    4 0 0 0
    1 6 0 0
  2 0 0.0̸ 0̸
```

---

② **①** ＞　**②** ＜　**③** ＞　**④** ＜
③ **①** 37　**②** 39　**③** 42　**④** 6
④ 式 800×0.6=480　　　　　答え 480 円
⑤ 式 3.2×5.5=17.6　　　　答え 17.6cm²

② かける数＞1…積＞かけられる数
かける数＝1…積＝かけられる数
かける数＜1…積＜かけられる数

③ **①** 2.5×3.7×4=2.5×4×3.7
　　　　=10×3.7=37
　　② 20×3.9×0.5=20×0.5×3.9
　　　　=10×3.9=39
　　③ 4.2×7.1+4.2×2.9=4.2×(7.1+2.9)
　　　　=4.2×10=42
　　④ 1.5×7.3−1.5×3.3=1.5×(7.3−3.3)
　　　　=1.5×4=6

25ページ まとめのテスト

１ **①**
```
      0.4 9
  ×     7.8
      3 9 2
    3 4 3
    3.8 2 2
```
②
```
      5.6
  × 0.8 2
      1 1 2
    4 4 8
    4.5 9 2
```
③
```
      4.2
  × 0.7 3
      1 2 6
    2 9 4
    3.0 6 6
```
④
```
      0.7 5
  ×     2.8
      6 0 0
    1 5 0
    2.1 0̸ 0̸
```
⑤
```
      7 0
  × 0.4
    2 8.0̸
```
⑥
```
      5 0 0
  ×   0.0 7
    3 5.0̸ 0̸
```
⑦
```
      3.2
  ×   5 7
    2 2 4
    1 6 0
    1 8 2.4
```
⑧
```
      0.7 5
  ×     2.3
      2 2 5
    1 5 0
    1.7 2 5
```
⑨
```
      0.4 2
  ×     7.1
        4 2
    2 9 4
    2.9 8 2
```
⑩
```
      4.2
  ×   3.5
    2 1 0
    1 2 6
    1 4.7 0̸
```
⑪
```
      7 0
  × 0.6 8
    5 6 0
    4 2 0
    4 7.6 0̸
```
⑫
```
      0.7 8
  ×   0.3 5
      3 9 0
    2 3 4
    0.2 7 3 0̸
```
２ **①** 18.36cm²　**②** 2.25cm²
３ **①** 136　**②** 480　**③** 35　**④** 7.92
４ 式 40×1.8=72　　　　　答え 72g
５ 式 1.15×7.8=8.97　　　答え 8.97kg

２ **①** 3.6×5.1=18.36
　　② 1.5×1.5=2.25
３ **①** 6.8×8×2.5=6.8×20=136
　　② 25×4.8×4=25×4×4.8
　　　=100×4.8=480
　　③ 5.7×3.5+4.3×3.5=(5.7+4.3)×3.5
　　　=10×3.5=35
　　④ 7.2×1.1=7.2×(1+0.1)
　　　=7.2×1+7.2×0.1=7.2+0.72
　　　=7.92

⑤ 小数でわる計算のしかたを考えよう

26・27ページ 基本のワーク

基本① 《1》18、40 《2》40、40 答え 40

❶ ❶ 10 ❷ 150

❷ 式 450÷2.5=180 答え 180円

基本② 《1》6、6、6、90
《2》90、90 答え 90

❸ ❶ 70 ❷ 45 ❸ 260 ❹ 30

基本③ 《1》1.7、1.7

《2》
```
       1.7
2,6)4,4.2
     26
     182
     182
       0
```
答え 1.7

❹ ❶
```
       1.7
2.5)4,2.5
     25
     175
     175
       0
```
❷
```
       5.8
0.9)5,2.2
     45
      72
      72
       0
```
❸
```
      32
2.6)8 3.2
    78
     52
     52
      0
```

基本④
```
        3.8
0,24)0.9 1.2
      72
      192
      192
        0
```
答え 3.8

❺ ❶
```
        2.1
0.23)0.4 8.3
      46
       23
       23
        0
```
❷
```
       8
0.37)2.9 6
     296
       0
```

❸
```
       370
0.24)8 8.8 0
     72
     168
     168
       0
```

てびき ❸ ❶ 49÷0.7=490÷7=70
❷ 36÷0.8=360÷8=45
❸ 52÷0.2=520÷2=260
❹ 15÷0.5=150÷5=30

たしかめよう!
小数でわる筆算は、わる数の小数点に注目します。わる数が整数になるように小数点を右に移し、わられる数も同じけた数だけ小数点を移します。わられる数のけた数が足りないときは、0をおきます。

28・29ページ 基本のワーク

基本① 5 答え 6.5

❶ ❶
```
         26
0,45)1 1,7 0
     90
     270
     270
       0
```
❷
```
        425
0,16)6 8 0 0
     64
      40
      32
       80
       80
        0
```
❸
```
       39.5
0,18)7,1 1.0
     54
     171
     162
       90
       90
        0
```
❹
```
        7.6
0,75)5,7 0
     525
     450
     450
       0
```

基本② 8 答え 0.8

❷ ❶
```
       0.36
2.5)0.9.0
     75
     150
     150
       0
```
❷
```
      0.5
0.9)0.4.5
     45
      0
```

❸
```
       0.25
8.2)2.0.5
    164
     410
     410
       0
```
❹
```
        0.65
0,24)0.1 5.6
     144
      120
      120
        0
```

基本③ ⑦ 31.5 ⑦ 5.25 ⑦ 2.1 答え ⑦

❸ ⑦ ❹ ⑦、⑦

❺ ❶ > ❷ <

てびき ❷ わる数がわられる数より大きいとき、一の位に 0 をたてて計算します。
❹ 実際に計算をすると、次のようになります。
⑦
```
       3.5
0.42)1.47
     126
     210
     210
       0
```
⑦
```
       4.5
0.5)2.2.5
     20
     25
     25
      0
```

⑦
```
       0.2
3.4)0.6.8
     68
      0
```

たしかめよう!
わる数＞1…商＜わられる数
わる数＝1…商＝わられる数
わる数＜1…商＞わられる数

30・31ページ 基本のワーク

基本① 12、0、22.1、12、0.5
答え 12本取れて0.5mあまる。

❶ ❶ 5あまり0.1、3.6=0.7×5+0.1
❷ 3あまり1.6、8.5=2.3×3+1.6
❸ 3あまり3.5、17.6=4.7×3+3.5
❹ 17あまり0.5、43=2.5×17+0.5

⑤ 9 あまり 0.7、34＝3.7×9＋0.7

⑥ 11 あまり 0.29、4.25＝0.36×11＋0.29

基本2 ❶ 8　　　　　　　　　　　　　　答え 2.8

❷
① 2.9)7.4 ＝ 2.55
```
      2.5 5
 2,9)7.4
     5 8
     1 6 0
     1 4 5
       1 5 0
       1 4 5
           5
```
② 3.7)6.9.5 ＝ 1.87
```
      1.8 7
 3,7)6,9.5
     3 7
     3 2 5
     2 9 6
       2 9 0
       2 5 9
         3 1
```
③ 0.7)7.3 ＝ 10.4
```
     1 0.4
 0,7)7.3
     7
       3 0
       2 8
         2
```
④ 3.7)2.5.0 ＝ 0.675
```
     0.6 7 5
 3,7)2.5.0
     2 2 2
       2 8 0
       2 5 9
         2 1 0
         1 8 5
           2 5
```
⑤ 7.4)3.5.6 ＝ 0.48…
```
     0.4 8 1
 7,4)3.5.6
     2 9 6
       6 0 0
       5 9 2
           8 0
           7 4
            6
```
⑥ 0.9)0.5.0 ＝ 0.555
```
     0.5 5 5
 0,9)0.5.0
     4 5
       5 0
       4 5
         5 0
         4 5
           5 0
           4 5
            5
```

基本3 ❶ 2.6、3.2　　　　　　　　　　　答え 3.2

❸ 式 12.05÷3.5＝3.44…　　　　　　答え 約3.4m

❶ あまりの小数点は、わられる数のもとの小数点と同じ位置になります。

❷ 上から2けたというとき、0.675 などの最初の0はふくまれません。

❸ 横の長さを□mとすると、
3.5×□＝12.05、□＝12.05÷3.5

32ページ 練習のワーク❶

❶
① 0.6)7.2 ＝ 12
```
     1 2
 0,6)7.2
     6
     1 2
     1 2
       0
```
② 1.62)4.86 ＝ 3
```
         3
 1,6 2)4.8 6
       4 8 6
           0
```

❷
① 3.4)22.1 ＝ 6.5
```
       6.5
 3,4)2 2.1
     2 0 4
       1 7 0
       1 7 0
           0
```
② 0.16)8.40 ＝ 52.5
```
       5 2.5
 0,1 6)8.4 0
       8 0
         4 0
         3 2
           8 0
           8 0
            0
```

❸ ① 4 あまり 1.9　② 18 あまり 0.2

❹ ① 2.2　② 2.7　③ 0.95　④ 0.25

❺ 式 1.5÷0.35＝4 あまり 0.1
　　　　　　　答え 4 人に配れて 0.1L あまる。

てびき　❹ 上から2けたのがい数で表すには、3けためまで計算し、3けためを四捨五入します。

たしかめよう!

❶ 小数でわるわり算は、わる数が整数になるように、わる数とわられる数の小数点を同じけた数だけ右に移しましょう。

❸ あまりの小数点は、わられる数のもとの小数点と同じ位置になります。

33ページ 練習のワーク❷

❶
① 2.8)840 ＝ 30
```
      3 0
 2,8)8 4 0
     8 4
       0
```
② 5.2)19.2.4 ＝ 3.7
```
       3.7
 5,2)1 9.2.4
     1 5 6
       3 6 4
       3 6 4
           0
```

❷
① 0.45)0.36.0 ＝ 0.8
```
      0.8
 0,4 5)0.3 6.0
       3 6 0
           0
```
② 0.76)0.49.4 ＝ 0.65
```
       0.6 5
 0,7 6)0.4 9.4
       4 5 6
         3 8 0
         3 8 0
             0
```

❸ ① ＞　② ＜

❹ ① 1 あまり 2.3　② 12 あまり 3.6

❺ ① 0.83　② 0.36

❻ 式 64.8÷6.8＝9.52…　　　答え 約9.5m

てびき　❸ ① わる数＞1…商＜わられる数
わる数＝1…商＝わられる数
わる数＜1…商＞わられる数

❻ 横の長さを□mとすると、6.8×□＝64.8、□＝64.8÷6.8

34ページ まとめのテスト

❶
① 1.8)21.6 ＝ 12
```
      1 2
 1,8)2 1.6
     1 8
       3 6
       3 6
         0
```
② 1.6)10.4 ＝ 6.5
```
      6.5
 1,6)1 0.4
     9 6
       8 0
       8 0
         0
```
③ 0.96)4.32 ＝ 4.5
```
       4.5
 0,9 6)4.3 2
       3 8 4
         4 8 0
         4 8 0
             0
```
④ 0.07)2.10 ＝ 30
```
      3 0
 0,0 7)2.1 0
       2 1
        0
```

⑤ 42.5　⑥ 0.9　⑦ 0.12　⑧ 0.65

❷ ① 3 あまり 0.4　② 1 あまり 2.5
　③ 3 あまり 0.11　④ 35 あまり 0.5

❸ 式 98÷2.8＝35　　　　　　答え 35 円

❹ 式 21.6÷3.2＝6 あまり 2.4
　　　　答え 6 個できて 2.4m あまる。

❺ 式 50÷7.4＝6.75…　　　　答え 約6.8cm

てびき

2 ❶

$$0.6\overline{)2.2}$$
3
18
0.4

❷

$$7.3\overline{)9.8}$$
1
73
2.5

❸

$$0.62\overline{)1.97}$$
3
186
0.11

❹

$$0.9\overline{)32.0}$$
35
27
50
45
0.5

3 1mのねだんを□円にすると、
□×2.8＝98、□＝98÷2.8

4 あまりの小数点は、わられる数のもとの小数点と同じ位置になります。

5 たての長さを□cmとすると、
□×7.4＝50、□＝50÷7.4

☆どんな計算になるか考えよう

35ページ 学びのワーク

基本 **1 ❶**

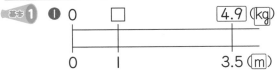

4.9、3.5、1.4　　　　　　答え 1.4

❷

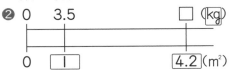

3.5、4.2、14.7　　　　　　答え 14.7

❶ ❶ 式 280×2.5＝700　　　答え 700円

❷ 式 2550÷1.7＝1500　　答え 1500円

❸ 式 3.9÷0.4＝9 あまり 0.3

答え 9パックできて 0.3kgあまる。

❹ 式 4.3×2.5＝10.75　　答え 10.75m²

てびき

❶ ❷ 1kgのねだんを□円とすると、
□×1.7＝2550、□＝2550÷1.7

⑥ ぴったり重なる形と図形の角を調べよう

36・37ページ 基本のワーク

基本 **1** 合同、い、う、え　　　答え い、え

❶ あとう、えとか、おとく

基本 **2** 対応、対応、対応、等しく、等しく
答え ❶ 頂点Aと頂点D、頂点Bと頂点E、頂点Cと頂点F
❷ 辺ABと辺DE、辺BCと辺EF、辺CAと辺FD

---

❸ 角Aと角D、角Bと角E、角Cと角F

2 ❶ 頂点Aと頂点H、頂点Bと頂点G、頂点Cと頂点F、頂点Dと頂点E
❷ 辺ABと辺HG、辺BCと辺GF、辺CDと辺FE、辺DAと辺EH

3 ❶ 3cm　**❷** 30°　**❸** 6cm

4 三角形ABEと三角形CDE、
三角形ADEと三角形CBE

てびき

2 ❷ 頂点Aと頂点H、頂点Bと頂点G、頂点Cと頂点F、頂点Dと頂点Eが対応しています。対応する頂点に○や△などの同じ印をつけておくと、わかりやすいです。

3 合同な図形では、対応する辺の長さや角の大きさは等しくなっています。
❶ 辺DFと辺ACが対応しています。
❷ 角Eと角Bが対応しています。
❸ 辺BCと辺EFが対応しています。

38・39ページ 基本のワーク

基本 **1** 答え

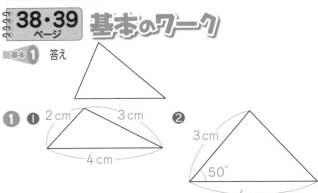

2 ア、イ

基本 **2** 答え

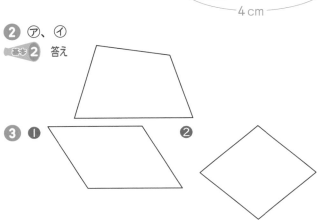

てびき

❶ ❸ 三角定規やコンパス、分度器を使って作図する手順を覚えておきましょう。コンパスを使うときも分度器を使うときも、最初に基準となる辺をかきます。

2 合同な三角形をかくには、《1》3つの辺の長さをはかる。《2》2つの辺の長さと、その間の角の大きさをはかる。《3》1つの辺の長さと、

その両はしの角の大きさをはかる。この３つ
の方法があります。

40・41ページ 基本のワーク

基1 180　⑦ 180、70
　　⑦ 等しい、180、70　　　答え ⑦ 70　⑦ 70
❶ 120°
基2 180、180、180、120　　　答え 120
❷ ❶ 30°　❷ 70°　❸ 141°
基3 《1》180、2、360
　　《2》180、180、360、360　　　答え 360
❸ ❶ 式 360°−（130°＋70°＋65°）＝95°
　　　　　　　　　　　　　　　　　答え 95°
　　❷ 式 360°−（90°＋75°＋90°）＝105°
　　　　　　　　　　　　　　　　　答え 105°
基4 多角形、180、540　　　答え 540
❹

	六角形	七角形
三角形の数	4	5
角の大きさの和	720°	900°

てびき
　　❶ 180°−30°×2＝120°
　　❷ ❶ 180°−（60°＋90°）＝30°
　　❷ ⑦の角度と40°の和は110°になるから、
　　⑦の角度は、110°−40°＝70°
　　❸ 60°と81°の和が⑦の角度になるから、
　　⑦の角度は、60°＋81°＝141°
　　❹ 多角形の角の大きさの和を求めるとき、その
　　多角形が１つの頂点からひいた対角線でいく
　　つの三角形に分けられるかを考えます。三角形
　　の個数×180°＝多角形の角の大きさの和

42ページ 練習のワーク

❶ ❶ 辺DE　❷ 角C　❸ 頂点B
　　❹ 辺AC
❷ ❶ 　❷
❸ ❶ 65°　❷ 50°　❸ 120°　❹ 100°
❹ ❶ 85°　❷ 100°

てびき
　　❹ ❷ 平行四辺形の向かいあった角の
　　大きさは等しいので、80°＋角⑦＝360°÷2
　　＝180°　　角⑦＝180°−80°＝100°

たしかめよう！
三角形の３つの角の大きさの和は、180°です。
四角形の４つの角の大きさの和は、360°です。

43ページ まとめのテスト

1 ❶ 4.5cm　❷ 80°
2 ❶ 頂点E　❷ 辺EH　❸ 角G
3 ⑦ 65°　⑦ 115°　⑦ 45°　⑤ 100°
4 ⑦ 100°　⑦ 70°　⑦ 60°　⑤ 130°
5 1080°

てびき
　　3 ⑦ 180°−（65°＋50°）＝65°
　　⑦ 180°−⑦＝180°−65°＝115°
　　⑦ 180°−（80°＋55°）＝45°
　　⑤ 180°−80°＝100°
　　5 八角形は、１つの頂点から対角線をひくと、
　　6つの三角形に分けられます。
　　180°×6＝1080°

⑦ 整数の性質を調べよう

44・45ページ 基本のワーク

基1 偶数、奇数、偶数、0、2、4、6、8、
1、3、5、7、9
　　　　　　　答え 14番：白組　17番：赤組
❶ 偶数：2、8　奇数：4、8
❷ 偶数：0、6、72　奇数：25、91、375
基2 倍数、公倍数　　　　　　　答え 15
❸ ❶ 6、12、18　❷ 11、22、33
　　❸ 13、26、39
基3 《1》24、48、24、48
　　《2》24、48、24、48、最小公倍数、24、24
　　　　　　　　　　　　　　　答え 24、48
❹ ❶ 8　❷ 10　❸ 18
❺ ❶ 36、72、108　❷ 30、60、90
　　❸ 8、16、24　❹ 30、60、90
基4 《1》36、36、36
　　《2》36、×、×　　　　　　　答え 36
❻ ❶ 24　❷ 36　❸ 18

てびき
　　❺ ❶ 4と9の最小公倍数は36
　　❷ 5と6の最小公倍数は30
　　❸ 8と2の最小公倍数は8
　　❹ 6と10の最小公倍数は30

46・47ページ 基本のワーク

基本1 約数

人数(人)	1	2	3	4	5	6
あめのあまり	○	○	×	○	×	×

7	8	9	10	11	12	13	14	15	16
×	○	×	×	×	×	×	×	×	○

答え 1人、2人、4人、8人、16人

❶ ❶ 1、2、7、14　❷ 1、19
　　❸ 1、7、49

基本2 公約数　　　　　　　　　答え 1人、3人

❷ 1、3

基本3 《1》2、6、2、6
　　《2》2、6、1、2、6、最大公約数、6、6
　　　答え 公約数：1、2、3、6　最大公約数：6

❸ 6

❹ ❶ 公約数：1、3　　　　　　最大公約数：3
　　❷ 公約数：1、2、3、6　　最大公約数：6
　　❸ 公約数：1、11　　　　　最大公約数：11
　　❹ 公約数：1　　　　　　　最大公約数：1

❺ 8cm

48ページ 練習のワーク

❶ 偶数：0、20、76　奇数：7、49、123
❷ 9、27、54、72、81、99
❸ 12、24、36
❹ ❶ 18　❷ 24
❺ ❶ 1、3　❷ 1、3、9　❸ 1、5、25
❻ ❶ 1、2、4　❷ 1、2、3、6、9、18　❸ 1
❼ ❶ 5　❷ 12　❸ 1

49ページ まとめのテスト

1 ❶ 偶数　❷ 偶数　❸ 奇数　❹ 偶数
2 ❶ 7、14、21、28、35
　　❷ 6、12、18　❸ 36、72、108
　　❹ 60　　　　　　❺ 105
3 ❶ 1、3、9、27、81　❷ 1、2
　　❸ 6　　　　　　　　　❹ 18
4 10まい
5 4人

⑧ 分数の計算のしかたを考えよう

50・51ページ 基本のワーク

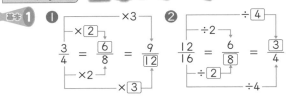

答え ㋐ 6　㋑ 12　㋒ 8　㋓ 3

❶ ❶ ㋐ 6　㋑ 15　❷ ㋒ 3　㋓ 2
❷ ❶ $\frac{2}{6}$、$\frac{3}{9}$ など　❷ $\frac{1}{4}$、$\frac{3}{12}$ など
　　❸ $\frac{3}{4}$、$\frac{6}{8}$ など　❹ $\frac{1}{6}$、$\frac{2}{12}$ など

基本2 約分、$\frac{18÷6}{24÷6}$、4　　　　答え $\frac{3}{4}$

❸ ❶ ㋐ 7　㋑ 7　❷ ㋒ 3　㋓ 3

10

④ ❶ $\dfrac{1}{3}$ ❷ $\dfrac{1}{2}$ ❸ $\dfrac{4}{5}$ ❹ $\dfrac{2}{3}$ ❺ $\dfrac{5}{8}$
❻ $\dfrac{5}{7}$ ❼ $\dfrac{3}{5}$ ❽ $\dfrac{2}{5}$ ❾ $\dfrac{2}{3}$

基本3 通分、3、9、5、10、$\dfrac{2}{3}$　　　　答え $\dfrac{2}{3}$

⑤ ❶ $\dfrac{3}{4}$ ❷ $\dfrac{4}{5}$ ❸ $\dfrac{5}{8}$ ❹ $\dfrac{6}{7}$
❺ $\dfrac{5}{9}$ ❻ $\dfrac{5}{6}$

てびき
② 分母と分子に同じ数をかけたり、同じ数でわったりすると、もとの分数と大きさの等しい分数ができます。したがって、答えはたくさんあります。
④ 分母と分子を次の数でわります。
❶2 ❷4 ❸2 ❹6 ❺3
❻4 ❼6 ❽7 ❾12
⑤ ❶ $\dfrac{3}{4} = \dfrac{3\times5}{4\times5} = \dfrac{15}{20}$、 $\dfrac{3}{5} = \dfrac{3\times4}{5\times4} = \dfrac{12}{20}$
❻ $\dfrac{5}{6} = \dfrac{5\times11}{6\times11} = \dfrac{55}{66}$、 $\dfrac{9}{11} = \dfrac{9\times6}{11\times6} = \dfrac{54}{66}$

52・53 ページ 基本のワーク

基本1 最小公倍数、30、10、20、5、25、3、21
答え $\dfrac{2}{3}$、$\dfrac{7}{10}$、$\dfrac{5}{6}$

❶ ❶ $\dfrac{5}{6}$、$\dfrac{7}{8}$ ❷ $\dfrac{9}{16}$、$\dfrac{7}{12}$
❸ $\dfrac{7}{12}$、$\dfrac{3}{4}$、$\dfrac{5}{6}$ ❹ $\dfrac{8}{15}$、$\dfrac{7}{10}$、$\dfrac{3}{4}$

基本2 3、3、2、2、3、2、$\dfrac{5}{6}$　　　　答え $\dfrac{5}{6}$

❷ ❶ $\dfrac{8}{15}$ ❷ $\dfrac{19}{24}$ ❸ $\dfrac{7}{9}$ ❹ $\dfrac{7}{12}$ ❺ $\dfrac{13}{24}$ ❻ $\dfrac{11}{36}$

基本3 ❶ 8、20、23、$1\dfrac{3}{20}$　　　答え $1\dfrac{3}{20}$
❷ 5、4、$\dfrac{\cancel{9}^{3}}{\cancel{30}_{10}}$、$\dfrac{3}{10}$　　　答え $\dfrac{3}{10}$

❸ ❶ $1\dfrac{5}{24}$ ❷ $1\dfrac{1}{15}$ ❸ $1\dfrac{7}{12}$ ❹ $\dfrac{8}{21}$ ❺ $\dfrac{1}{2}$
❻ $\dfrac{5}{7}$ ❼ $\dfrac{3}{5}$ ❽ $1\dfrac{2}{35}$ ❾ $1\dfrac{1}{10}$

基本4 《1》7、5、28、$\dfrac{15}{12}$、$\dfrac{43}{12}$
《2》4、3、7　　　　答え $3\dfrac{7}{12}\left(\dfrac{43}{12}\right)$

❹ ❶ $3\dfrac{11}{12}$ ❷ $3\dfrac{31}{35}$ ❸ $5\dfrac{1}{3}$ ❹ $3\dfrac{1}{3}$

てびき
❶ ❶ $\left(\dfrac{20}{24}、\dfrac{21}{24}\right)$ ❸ $\left(\dfrac{9}{12}、\dfrac{10}{12}、\dfrac{7}{12}\right)$
❷ ❶ $\dfrac{1}{3} + \dfrac{1}{5} = \dfrac{5}{15} + \dfrac{3}{15} = \dfrac{8}{15}$

---

⑤ $\dfrac{1}{8} + \dfrac{5}{12} = \dfrac{3}{24} + \dfrac{10}{24} = \dfrac{13}{24}$

基本3 ⑤ $\dfrac{1}{3} + \dfrac{1}{6} = \dfrac{2}{6} + \dfrac{1}{6} = \dfrac{\cancel{3}}{\cancel{6}_{2}} = \dfrac{1}{2}$

❽ $\dfrac{5}{14} + \dfrac{7}{10} = \dfrac{25}{70} + \dfrac{49}{70} = \dfrac{\cancel{74}^{37}}{\cancel{70}_{35}} = \dfrac{37}{35} = 1\dfrac{2}{35}$

④ ❶ $1\dfrac{1}{4} + 2\dfrac{2}{3} = \dfrac{5}{4} + \dfrac{8}{3} = \dfrac{15}{12} + \dfrac{32}{12} = \dfrac{47}{12} = 3\dfrac{11}{12}$

❸ $3\dfrac{1}{2} + 1\dfrac{5}{6} = \dfrac{7}{2} + \dfrac{11}{6} = \dfrac{21}{6} + \dfrac{11}{6} = \dfrac{\cancel{32}^{16}}{\cancel{6}_{3}} = \dfrac{16}{3} = 5\dfrac{1}{3}$

54・55 ページ 基本のワーク

基本1 3、9、4、8、9、8、$\dfrac{1}{12}$　　　答え 水、$\dfrac{1}{12}$

❶ 式 $\dfrac{2}{3} - \dfrac{3}{5} = \dfrac{1}{15}$　　　答え チーズが $\dfrac{1}{15}$ kg 多い。

❷ ❶ $\dfrac{5}{12}$ ❷ $\dfrac{4}{21}$ ❸ $\dfrac{1}{10}$
❹ $\dfrac{2}{9}$ ❺ $\dfrac{11}{24}$ ❻ $\dfrac{1}{18}$

基本2 $\dfrac{25}{30}$、$\dfrac{16}{30}$、$\dfrac{\cancel{9}^{3}}{\cancel{30}_{10}}$、$\dfrac{3}{10}$　　　答え $\dfrac{3}{10}$

❸ ❶ $\dfrac{1}{6}$ ❷ $\dfrac{5}{12}$ ❸ $\dfrac{5}{9}$ ❹ $\dfrac{1}{7}$ ❺ $\dfrac{1}{2}$ ❻ $\dfrac{1}{3}$

基本3 ❶ 4、3、$2\dfrac{1}{12}$
❷ 4、9、16、9、$\dfrac{7}{12}$　　　答え ❶ $2\dfrac{1}{12}$ ❷ $\dfrac{7}{12}$

❹ ❶ $\dfrac{1}{4}$ ❷ $2\dfrac{7}{24}$ ❸ $1\dfrac{24}{35}$ ❹ $\dfrac{1}{3}$

基本4 18、15、10、23　　　答え $\dfrac{23}{30}$

⑤ ❶ $1\dfrac{2}{3}$ ❷ $1\dfrac{17}{60}$ ❸ $1\dfrac{3}{10}$ ❹ $\dfrac{17}{20}$ ❺ $\dfrac{5}{24}$ ❻ $\dfrac{1}{7}$

てびき
❶ 先に通分をして、量を比べます。
❷ ❷ $\dfrac{6}{7} - \dfrac{2}{3} = \dfrac{18}{21} - \dfrac{14}{21} = \dfrac{4}{21}$
❺ $\dfrac{5}{8} - \dfrac{1}{6} = \dfrac{15}{24} - \dfrac{4}{24} = \dfrac{11}{24}$
❸ ❹ $\dfrac{1}{3} - \dfrac{4}{21} = \dfrac{7}{21} - \dfrac{4}{21} = \dfrac{\cancel{3}}{\cancel{21}_{7}} = \dfrac{1}{7}$

❺ $\dfrac{4}{5} - \dfrac{3}{10} = \dfrac{8}{10} - \dfrac{3}{10} = \dfrac{\cancel{5}}{\cancel{10}_{2}} = \dfrac{1}{2}$

❻ $\dfrac{1}{2} - \dfrac{1}{6} = \dfrac{3}{6} - \dfrac{1}{6} = \dfrac{\cancel{2}}{\cancel{6}_{3}} = \dfrac{1}{3}$

❹ ❸ $3\dfrac{2}{7} - 1\dfrac{3}{5} = 3\dfrac{10}{35} - 1\dfrac{21}{35} = 2\dfrac{45}{35} - 1\dfrac{21}{35} = 1\dfrac{24}{35}$

④ $2\frac{1}{12} - 1\frac{3}{4} = 2\frac{1}{12} - 1\frac{9}{12} = 1\frac{13}{12} - 1\frac{9}{12} = \frac{4}{12} = \frac{1}{3}$

⑤ ① $\frac{1}{2} + \frac{5}{6} + \frac{1}{3} = \frac{3}{6} + \frac{5}{6} + \frac{2}{6} = \frac{10}{6} = \frac{5}{3} = 1\frac{2}{3}$

56ページ 練習のワーク

① ① 6、16 ② 14、3
② ① $\frac{2}{3}$ ② $\frac{3}{5}$ ③ $1\frac{5}{8}$
③ ① $\frac{2}{3}$、$\frac{3}{4}$ ② $\frac{13}{21}$、$\frac{9}{14}$ ③ $\frac{3}{4}$、$\frac{5}{6}$、$\frac{7}{8}$
④ ① $\frac{13}{15}$ ② $1\frac{1}{3}$ ③ $\frac{1}{6}$ ④ $\frac{1}{12}$ ⑤ $\frac{5}{36}$
　 ⑥ $\frac{1}{3}$ ⑦ $1\frac{1}{4}$ ⑧ $3\frac{4}{5}$ ⑨ $1\frac{29}{35}$
⑤ 式 $\frac{3}{7} - \frac{2}{5} = \frac{1}{35}$　　答え さとうが $\frac{1}{35}$kg 多い。

てびき

① ① $\frac{3}{4} = \frac{□}{8} = \frac{12}{□}$　（×4、×2）

② $\frac{12}{28} = \frac{6}{□} = \frac{□}{7}$　（÷2、÷4）

③ ① $\left(\frac{8}{12}、\frac{9}{12}\right)$ ② $\left(\frac{27}{42}、\frac{26}{42}\right)$
　 ③ $\left(\frac{18}{24}、\frac{20}{24}、\frac{21}{24}\right)$

④ ① $\frac{2}{3} + \frac{1}{5} = \frac{10}{15} + \frac{3}{15} = \frac{13}{15}$
　 ④ $\frac{3}{4} - \frac{2}{3} = \frac{9}{12} - \frac{8}{12} = \frac{1}{12}$
　 ⑨ $3\frac{2}{5} - 1\frac{4}{7} = 3\frac{14}{35} - 1\frac{20}{35} = 2\frac{49}{35} - 1\frac{20}{35}$
　　　$= 1\frac{29}{35}$

57ページ まとめのテスト

① ① $\frac{2}{3}$ ② $\frac{1}{3}$ ③ $\frac{2}{5}$
② ① $\frac{2}{7}$、$\frac{1}{4}$ ② $1\frac{1}{3}$、$1\frac{2}{9}$ ③ $\frac{5}{12}$、$\frac{7}{18}$、$\frac{3}{8}$
③ ① $\frac{11}{15}$ ② $\frac{3}{4}$ ③ $\frac{23}{45}$ ④ $\frac{1}{2}$ ⑤ $\frac{34}{75}$
　 ⑥ $\frac{17}{20}$ ⑦ $\frac{2}{7}$ ⑧ $3\frac{29}{35}$ ⑨ $\frac{1}{3}$
④ ① 式 $1\frac{5}{7} + 1\frac{4}{9} = 3\frac{10}{63}$　　答え $3\frac{10}{63}$L
　 ② 式 $1\frac{5}{7} - 1\frac{4}{9} = \frac{17}{63}$　　答え $\frac{17}{63}$L
⑤ 式 $1\frac{2}{5} - \frac{1}{4} + \frac{3}{10} = 1\frac{9}{20}$　　答え $1\frac{9}{20}$L

てびき

① ① $\frac{10÷5}{15÷5} = \frac{2}{3}$ ③ $\frac{16÷8}{40÷8} = \frac{2}{5}$

② ① $\left(\frac{7}{28}、\frac{8}{28}\right)$ ② $\left(1\frac{3}{9}、1\frac{2}{9}\right)$
　 ③ $\left(\frac{27}{72}、\frac{30}{72}、\frac{28}{72}\right)$

③ ② $\frac{2}{3} + \frac{1}{12} = \frac{8}{12} + \frac{1}{12} = \frac{9}{12} = \frac{3}{4}$

　 ⑦ $\frac{1}{6} - \frac{2}{21} + \frac{3}{14} = \frac{7}{42} - \frac{4}{42} + \frac{9}{42} = \frac{12}{42} = \frac{2}{7}$

　 ⑨ $3\frac{1}{12} - 2\frac{3}{4} = 3\frac{1}{12} - 2\frac{9}{12} = 2\frac{13}{12} - 2\frac{9}{12}$
　　　$= \frac{4}{12} = \frac{1}{3}$

⑨ ならした大きさで表そう

58・59ページ 基本のワーク

答え① 平均、5、150　　　　　　　　答え 150
① 式 $(78+76+80+79+76+79)÷6=78$
　　　　　　　　　　　　　　　　　答え 78g
答え② 5、5.2　　　　　　　　　　　答え 5.2
② 式 $(5+0+3+9+4+6)÷6=4.5$
　　　　　　　　　　　　　　　　　答え 4.5 問
答え③ 6.18、4、6.2、6.2、0.62、434、430
　　　　　　　　　　　　　　　　　答え 430
③ 式 $(12.3+12.5+12.4)÷3=12.4$
　　$12.4÷10=1.24$　　　　答え 約 1.2 秒
答え④ ① 答え 15、30、0、5、20
　 ② 30、5、14、14、294　　　答え 294
④ 式 $(9+5+22+0+16+8)÷6=10$
　　$30+10=40$　　　　　　答え 40 分（間）

てびき

② 平均を表すとき、個数などの整数でしか表せないものを小数を使って表すこともあります。

③ ふりこが10往復する時間の平均を求めてから、1往復するおよその時間を求めます。

④ 4日めの読書時間がいちばん短いので、4日めとの差の平均を使って考えます。

60ページ 練習のワーク

① 式 $(7+3+6+4)÷4=5$　　　　答え 5 個
② 式 $(189+197+196+186+207)÷5$
　　$=195$　　　　　　　　答え 195 さつ

❸ 式 $(158+146+160+156)÷4$
$=155$ 答え 155cm

❹ 式 $(342+343+345+342)÷4=343$
$343÷6=57.1…$ 答え 約57g

❺ 式 $66×96=6336$、$6336cm=63.36m$
答え 約63m

❸ 4回めはくつがぬけて、いつも通りではなかったから、いつもの記録の平均には入れません。

❹ 食パン6枚セットの重さの平均を求めてから、1枚のおよその重さを求めます。わりきれませんが、上から3けためを四捨五入します。

61ページ まとめのテスト

１ 式 $(5+2+6+0+7)÷5=4$ 答え 4点

２ 式 $56×528=29568$
$29568cm=295.68m$ 答え 約300m

３ ❶ 式 $(121+130+115+127+124)÷5$
$=123.4$ 答え 123.4kg

❷ 式 $123.4×12=1480.8$
答え 約1480.8kg

４ 式 $(1.3+0.8+0.9+0.6+0+0.2+0.4)÷7$
$=0.6$
$12.0+0.6=12.6$ 答え 12.6度

２ 1歩の歩ば×歩数で、全体の長さが求められます。

３ ❷ 1年は12か月だから、1か月で使う米の量を12倍します。

４ 金曜日の最低気温がいちばん低いから、金曜日との差の平均を使って考えます。

👆 **たしかめよう!**
平均＝合計÷個数

---

⑩ こみぐあいなどの比べ方を考えよう

62・63ページ 基本のワーク

基本1 《1》0.2、0.25
《2》5、4 答え パソコンクラブ

❶ 北小学校

基本2 人口密度、6400、1449
答え 東京都：6400 愛知県：1449

❷ ❶ 式 $16072÷78.4=205$ 答え 205人
❷ 式 $34132÷243.8=140$ 答え 140人

基本3 43、40 答え おかしB

❸ 式 $750÷6=125$、$1040÷8=130$
答え ペンB

基本4 ❶ 320、3 答え 3
❷ 250、750 答え 750
❸ 3、450 答え 450

❹ ❶ 式 $125÷5=25$、$25×8=200$
答え 200g
❷ 式 $225÷25=9$ 答え 9L

❶ 1m²あたりの児童の人数が多いほう、または児童1人あたりの運動場の面積がせまいほうがこんでいます。

❸ 1本あたりのねだんで比べます。

❹ ❶ まず、海水1Lからとれる塩の量を求めます。8Lだから、それを8倍します。
❷ ❶で求めた海水1Lからとれる塩の量を使って計算します。

64・65ページ 基本のワーク

基本1 14、104、8、13 答え Aの工場

❶ ❶ 式 A…$480÷30=16$
B…$60÷4=15$ 答え Aの機械
❷ 式 $16×8=128$ 答え 128本

基本2 0.0166…、0.02、60、50、短、長、さとし、道のり、時間 答え さとしさん

❷ ❶ 自動車B ❷ 自転車D ❸ Fさん

基本3 時間、分間、秒間
❶ 2、65 答え 65
❷ 80、16、5 答え 5

❸ ❶ 式 $320÷4=80$ 答え 分速80m
❷ 式 $350÷25=14$ 答え 秒速14m
❸ 式 $270÷5=54$ 答え 時速54km
❹ 式 $117÷4.5=26$ 答え 秒速26m

❶ ❷ ❶で求めた1分間あたりの本数を使って計算します。

❷ 同じ時間で進んだ道のりが長いほうが速く、同じ道のりを進むのにかかった時間が短いほうが速いといえます。

❸ 1分間に歩く道のりで比べます。
Eさん：$370÷5=74$(m)
Fさん：$450÷6=75$(m)

❸ 速さを表す単位と時間を表す単位は、必ずそろえてから計算します。時速には時間、分速には分、秒速には秒を使って計算します。

基本**1** 速さ、4、200　　　　　　　　　　答え 200

1 ❶ 式 80×2.5=200　　　　　　　答え 200km
　　❷ 式 34×15=510　　　　　　　　答え 510m
　　❸ 式 50×60=3000　　　答え 3000m(3km)
　　❹ 式 340×60=20400
　　　　　　　　　答え 約20400m(約20.4km)

基本**2** 6　　　　　　　　　　　　　　答え 6

2 ❶ 式 160÷80=2　　　　　　　　答え 2時間
　　❷ 式 455÷70=6.5　答え 6.5分(6分30秒)
　　❸ 式 6.4÷16=0.4　　答え 0.4時間(24分)

基本**3** 150、150、1500、150、10、10
　　　　　　　　　　　　　　　　答え 10

3 ❶ 式 150−50=100
　　　　　　100×2=200　　　　　　答え 200m
　　❷ 式 50×10=500　　　　　　　　答え 500m
　　❸ 式 500÷100=5　　　　　　　答え 5分後

てびき
❶ 速さを表す単位と時間を表す単位は、必ずそろえてから計算します。時速には時間、分速には分、秒速には秒を使って計算します。
3 ❶ 1分間でちぢまる道のりを求めてから、2分間でちぢまる道のりを求めます。
　　❷ 兄が出発するとき、弟は10分進んでいます。
　　❸ ❷でもとめた道のりを、1分間でちぢまる道のりでわります。

1 15m² のプール
2 式 りんご：920÷5=184
　　　　もも：1260÷7=180　　　　　答え もも
3 ❶ 式 A：42÷3=14
　　　　　　B：65÷5=13　　　　答え Aの機械
　　❷ 式 14×15=210　　　　　　答え 210個
4 式 380÷4=95　　　　答え 時速95km
5 ❶ 式 1.4×25=35　　　　　　答え 35km
　　❷ 式 72×2.5=180　　　　　答え 180km

てびき
❶ 1m² あたりの子どもの数、または子ども1人あたりのプールの面積で比べます。
1m² あたりの子どもの数は、
12m² プール：5÷12=0.41…
15m² プール：7÷15=0.46…
❺ ❷ 速さが時速だから、時間の単位は分ではなく、時間を使います。

1 式 宮城県：2280000÷7282=313.1
　　　大分県：1106000÷6341=174.4
　　　　答え 宮城県：313人　　大分県：174人
2 式 2.8÷4=0.7
　　　12.6÷0.7=18　　　　　　　答え 18m²
3 ❶ 式 540÷60=9　　　　　答え 分速9km
　　❷ 式 9km=9000m
　　　　9000÷60=150　　　答え 秒速150m
4 ❶ 式 1350÷75=18　　　　　　答え 18分
　　❷ 式 54km=54000m　54000÷300=180
　　　　　　　　　　　　　答え 180秒(3分)
5 式 150+50=200
　　　1200÷200=6　　　　　　答え 6分後

てびき
❷ まず、1m² あたりの水の量を求めて、12.6Lがその何倍になるか考えます。
❸ ❶ 1時間=60分だから、時速÷60=分速
　　❷ 1分=60秒だから、分速÷60=秒速
❹ ❷ 180秒=3分と答えることもできます。
❺ はじめの2人の間の道のりを、1分間に2人が近づく道のりでわります。

1 式 A市：425675÷325=1309.7…
　　　B市：315070÷457=689.4…
　　　　　答え A市：1310人　B市：689人
2 式 480÷4=120
　　　120×27=3240　　　　　答え 3240g
3 ❶ 式 A：100÷25=4
　　　　　　B：250÷60=4.16…　答え Bの印刷機
　　❷ 式 42÷4=10.5　　0.5分=30秒
　　　　　　　　　　　　　答え 10分30秒
4 式 30分=0.5時間
　　　2.5÷0.5=5　　　　　答え 時速5km
5 ❶ 式 7.2km=7200m
　　　　7200÷240=30　　　　　答え 30分
　　❷ 式 7200÷15=480　480×60=28800
　　　　28800m=28.8km　答え 時速28.8km

てびき
❷ まず、1m² あたりの肥料の量を求めて、その27倍を求めます。
❺ ❶ 単位をそろえてから計算します。
　　❷ まず、分速を求めて、時速になおします。

まとめのテスト❷

1 式 ちあきさん：520÷1000＝0.52
なつきさん：690÷1200＝0.575
答え なつきさんの家の田

2 ❶ 式 350÷100＝3.5　　1.2kg＝1200g
3.5×1200＝4200　　答え 4200円
❷ 式 1960÷3.5＝560　　答え 560g

3 式 340×5＝1700　　答え およそ1700m

4 式 60÷20＝3　　7－3＝4
60÷4＝15　　答え 時速15km

5 ❶ 式 70×18＝1260　　答え 1260m
❷ 式 250－70＝180
1260÷180＝7　　答え 7分後

てびき
2 まず、1gあたりのねだんを求めて、それぞれの問題について考えます。
3 花火まで音の速さで5秒かかる道のりです。
4 まず、行きにかかった時間を考えて、帰りにかかった時間を求めます。
5 ❶ 兄が出発してから18分後です。
❷ まず、1分間でちぢまる道のりを求めてから、はじめの2人の間の道のりを、1分間にちぢまる道のりでわります。

⑪ 面積の求め方を考えよう

基本のワーク

ふくしゅう ❶ 21cm²　❷ 16cm²
基本**1** 高さ、底辺、高さ、3、15　　答え 15
❶ ❶ 式 3×2＝6　　答え 6cm²
❷ 式 5.5×7＝38.5　　答え 38.5cm²
基本**2** 5、15　　答え 15
❷ ❶ 式 5×9＝45　　答え 45cm²
❷ 式 2.8×2.8＝7.84　　答え 7.84cm²
基本**3** 4、8　　答え ㋐ 8　㋑ 8　㋒ 8
❸ 15cm²

てびき
3 底辺が等しく、高さも等しい平行四辺形は、面積も等しくなります。

たしかめよう！
平行四辺形の面積＝底辺×高さ

基本のワーク

基本**1** 高さ、底辺、高さ、4、12　　答え 12

❶ ❶ 式 7×4÷2＝14　　答え 14cm²
❷ 式 7×5÷2＝17.5　　答え 17.5cm²
❸ 式 4×4÷2＝8　　答え 8cm²
❹ 式 4×3.5÷2＝7　　答え 7cm²
基本**2** 7、14　　答え 14
❷ ❶ 式 4×6÷2＝12　　答え 12cm²
❷ 式 2×3÷2＝3　　答え 3cm²
基本**3** 4、2、8　　答え ㋐ 8　㋑ 8　㋒ 8
❸ 21cm²

てびき
3 底辺が等しく、高さも等しい三角形は、面積も等しくなります。

たしかめよう！
三角形の面積＝底辺×高さ÷2

基本のワーク

基本**1** 下底、高さ、上底、下底、高さ、7、4、20　　答え 20
❶ ❶ 式 (3+5)×2÷2＝8　　答え 8cm²
❷ 式 (6+4)×6÷2＝30　　答え 30cm²
❸ 式 (2+7)×6÷2＝27　　答え 27cm²
❹ 式 (3+4)×5÷2＝17.5　　答え 17.5cm²
基本**2** 対角線、対角線、6、4、12　　答え 12
❷ ❶ 式 18×8÷2＝72　　答え 72cm²
❷ 式 12×2×9×2÷2＝216　　答え 216cm²
基本**3** 高さ、2、3、比例

高さ(cm)	1	2	3	4	5
面積(cm²)	3	6	9	12	15

答え 式：3×□＝△、比例している。

❸ ❶

高さ(cm)	1	2	3	4	5
面積(cm²)	2	4	6	8	10

❷ 2×□＝△(4×□÷2＝△)

てびき
1 上底と下底に垂直な直線の長さが、台形の高さです。
2 ❷ 12cmと9cmは、それぞれ対角線の半分の長さになっています。
3 ❷ 高さが何cmのときでも、△は□の2倍になっています。

たしかめよう！
台形の面積＝(上底＋下底)×高さ÷2
ひし形の面積＝対角線×対角線÷2

練習のワーク

❶ ❶ 28cm²　❷ 12cm²　❸ 54cm²

④ 28cm² ⑤ 4.4cm²
2 等しい。
3 ① 14cm² ② 14cm² ③ 108cm²
④ 16cm² ⑤ 40cm² ⑥ 25.5cm²

てびき　**❶** ① 7×4＝28　② 3×4＝12
③ 9×12÷2＝54　④ 7×8÷2＝28
⑤ 4×2.2÷2＝4.4
❷ 三角形ABCと三角形DBCは、底辺と高さが
それぞれ等しいから、三角形の面積は等しくな
ります。
❸ ① (3+5)×3.5÷2＝14
② (2.5+4.5)×4÷2＝14
③ 24×9÷2＝108
④ 8×4÷2＝16
⑤ 4cmと5cmが対角線の半分だから、
8×10÷2＝40
⑥ 4×6÷2＝12、3×9÷2＝13.5、
12+13.5＝25.5

79ページ まとめのテスト

1 ⑦ 10cm²　④ 10cm²　⑦ 7.5cm²
④ 15cm²
2 ① 28cm²　② 9cm²　③ 7.5cm²
3 40m²
4 ① ⑦ 8cm²　④ 16cm²　⑦ 8cm²　④ 4cm²
② ⑦　③ 4倍
5 ①

底辺の長さ（cm）	6	12	18
面積（cm²）	12	24	36

② □×2＝△　（□×4÷2＝△）

てびき　**1** ⑦ 2×5＝10
④ 4×5÷2＝10　⑦ 3×5÷2＝7.5
④ (1+5)×5÷2＝15
2 ① 7×4＝28
② 6×3÷2＝9
③ 5×3÷2＝7.5
3 色のついていないと
ころをはしに移動する
と、右の図のようにな
ります。
(12-2)×(6-2)
＝10×4＝40
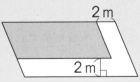
4 ① ④ 8×4÷2＝16
④ 4×2÷2＝4
⑦+④＝8×(2+4)÷2＝24、
⑦＝24-④＝24-16＝8

⑦+④＝8×(2+4)÷2＝24、
⑦＝24-④＝24-16＝8
③ 16÷4＝4
5 ② 底辺の長さが何cmのときでも、△は□
の2倍になっています。

⑫ 円をくわしく調べよう

80・81ページ 基本のワーク

基本1 8、8、等、8、等、正多角形
答え ① 辺…8　角…8　② 正八角形
1 ① 正五角形　② 正六角形
基本2 360、5、72、二等辺、72、72、54
答え ① 72　② 二等辺三角形　③ 54
2

基本3 360、60、60、60、60、正
答え 正三角形
3

基本4 3、30、60、120
答え ⑦ 3　④ 30　⑦ 120
4 ① ⑦ 4　④ 25　⑦ 90
② ⑦ 5　④ 80　⑦ 72

てびき　**2** 円の中心の角を4等分します。
360°÷4＝90°だから、90°ずつに分けます。
3 まず、半径が2cmの円をかき、円のまわり
を半径の長さで区切った点を直線で順に結びま
す。
4 プログラムを使って図形をかくときは、くり
返す回数は辺の数になります。辺の長さだけ動
かし、360°÷辺の数だけまわします。

82・83ページ 基本のワーク

基本1 ① 半径、3、3、24、直径、4、4、32
答え 24、3、32、4
② 円周率、直径、直径、2、2、25.12
答え 25.12
1 ① 式 10×3.14＝31.4　答え 31.4cm
② 式 4.5×3.14＝14.13　答え 14.13cm
③ 式 4×2×3.14＝25.12　答え 25.12cm

④ 式 $2.5 \times 2 \times 3.14 = 15.7$　　答え $15.7\,cm$
⑤ 式 $12 \times 3.14 = 37.68$　　答え $37.68\,cm$
⑥ 式 $2 \times 2 \times 3.14 = 12.56$　　答え $12.56\,cm$
基本2　直径、円周率、3.14、8　　答え 4.8
❷ ❶ 式 $43.96 \div 3.14 = 14$　　答え $14\,cm$
　　❷ 式 $219.8 \div 3.14 \div 2 = 35$　　答え $35\,cm$
❸ 式 $34.54 \div 3.14 = 11$、$50.24 \div 3.14 = 16$、
　　$16 - 11 = 5$　　答え $5\,cm$
基本3　3　　答え ❶ $\square \times 2 \times 3.14 = \triangle$　❷ 6.28
❹ 2 倍

てびき　❸ それぞれの円の直径を求めてから、
2 つの直径の差を求めます。
❹ それぞれの円の円周の長さを求めてから、わり算をしてもいいです。

たしかめよう!
円周＝直径×円周率(3.14)＝半径×2×円周率

84 ページ　練習のワーク

❶ ❶ $60°$　❷ $60°$　❸ $120°$
❷
❸ ❶ 式 $7 \times 3.14 = 21.98$　　答え $21.98\,cm$
　　❷ 式 $5 \times 2 \times 3.14 = 31.4$　　答え $31.4\,cm$
❹ ❶ 式 $56.52 \div 3.14 = 18$　　答え $18\,cm$
　　❷ 式 $47.1 \div 3.14 \div 2 = 7.5$　　答え $7.5\,cm$
❺ 式 $87 \div 3.14 = 27.7\overset{8}{\cdots}$　　答え 約 $28\,m$

てびき　❶ 正六角形は合同な正三角形が 6 つ
組み合わさっています。
❶ $360° \div 6 = 60°$
❸ $60° \times 2 = 120°$
❷ 正多角形は、円の中心の角を等分するように
半径をかき、円のまわりと交わった点を、直線
で順に結んでかくことができます。
❹ 求めるのが直径なのか、半径なのかに注意し
ましょう。

85 ページ　まとめのテスト

❶ ❶ 式 $360° \div 8 = 45°$　　答え $45°$
　　❷ 二等辺三角形
❷ ❶ 式 $15 \times 3.14 = 47.1$　　答え $47.1\,m$
　　❷ 式 $5.5 \times 2 \times 3.14 = 34.54$　答え $34.54\,cm$
　　❸ 式 $37.68 \div 3.14 = 12$　　答え $12\,cm$

④ 式 $40.82 \div 3.14 \div 2 = 6.5$　　答え $6.5\,m$
⑤ 式 $4 \times 3.14 \div 2 \times 2 + 5 \times 2 = 22.56$
　　　　答え $22.56\,m$
❸ 式 $30 \div 3.14 \div 2 = 4.7\overset{8}{7}\cdots$　答え 約 $4.8\,m$
❹ 式 $0.66 \times 3.14 \times 40 = 82.89\overset{3}{6}$　答え 約 $83\,m$

てびき　❶ ❷ 辺 OA と辺 OB はそれぞれ円の
半径だから、長さは等しくなっています。
❹ 車輪の円周の長さの 40 倍進むことになりま
す。

⑬ 倍の計算を考えよう

86 ページ　基本のワーク

基本1　1.5　　答え 1.5
❶ 式 $14 \div 17.5 = 0.8$　　答え 0.8 倍
❷ 式 $17.1 \times 0.7 = 11.97$　　答え $11.97\,cm$
基本2　2.4、150　　答え 150
❸ 式 $150 \div 1.2 = 125$　　答え $125\,cm$

てびき　❶ B のバケツに A のバケツの □ 倍の
水が入るとすると、$17.5 \times \square = 14$
❸ 弟の身長を □ cm とすると、
$\square \times 1.2 = 150$

87 ページ　まとめのテスト

❶ ❶ 式 $5.4 \div 3.6 = 1.5$　　答え 1.5 倍
　　❷ 式 $2.7 \div 3.6 = 0.75$　　答え 0.75 倍
❷ 式 $4.8 \times 0.4 = 1.92$　　答え $1.92\,dL$
❸ ❶ 式 $120 \div 0.8 = 150$　　答え 150 円
　　❷ 式 $120 \div 1.5 = 80$　　答え 80 円
❹ ❶ 式 $17.4 \div 11.6 = 1.5$　　答え 1.5 倍
　　❷ 式 $17.4 \div 0.6 = 29$　　答え $29\,km^2$

てびき　❹ ❶ A 市の面積を B 市の □ 倍とする
と、
$11.6 \times \square = 17.4$
❷ C 市の面積を □ km² とすると、
$\square \times 0.6 = 17.4$

⑭ 分数と小数、整数の関係を調べよう

88・89 ページ　基本のワーク

基本1　2、$\dfrac{2}{3}$　　答え $\dfrac{2}{3}$

❶ ❶ $\frac{1}{5}$ ❷ $\frac{6}{7}$ ❸ $\frac{8}{5}\left(1\frac{3}{5}\right)$ ❹ $\frac{18}{11}\left(1\frac{7}{11}\right)$
❷ ❶ 2 ❷ 11 ❸ 4

基本2 青のテープ：10、10　　　　　　　答え $\frac{10}{7}$

　　　白のテープ：7、7　　　　　　　　答え $\frac{4}{7}$

❸ ❶ 式 $8÷3=\frac{8}{3}$　　　　　　答え $\frac{8}{3}$ 倍

　 ❷ 式 $5÷7=\frac{5}{7}$　　　　　　答え $\frac{5}{7}$ 倍

　 ❸ 式 $7÷9=\frac{7}{9}$　　　　　　答え $\frac{7}{9}$ 倍

基本3 $\frac{4}{5}$、0.8　　　　答え 分数：$\frac{4}{5}$　小数：0.8

❹ 式 $5÷8=\frac{5}{8}$、$5÷8=0.625$

　　　　答え 分数：$\frac{5}{8}$ m　小数：0.625 m

❺ ❶ 0.2 ❷ 0.75 ❸ 0.45
　 ❹ 2.25 ❺ 3.375 ❻ 1.4

てびき ❺ ❶ $1÷5=0.2$ ❷ $3÷4=0.75$
　　　 ❹ $2\frac{1}{4}=\frac{9}{4}$、$9÷4=2.25$

たしかめよう！
$△÷○=\frac{△}{○}$

90・91ページ 基本のワーク

基本1 ❶ 9、9 ❷ 21、21 ❸ 143、143
　　　　　　答え ❶ $\frac{9}{10}$ ❷ $\frac{21}{100}$ ❸ $\frac{143}{100}$

❶ ❶ $\frac{1}{10}$ ❷ $\frac{18}{100}$ ❸ $\frac{13}{10}$
　 ❹ $\frac{145}{100}$ ❺ $\frac{3}{100}$ ❻ $\frac{275}{100}$

基本2 $7：\frac{7}{1}$、2、2、21、21
　　　$9：1$、1、18、18、27、27
　　　　　答え 7…7、14、21　9…9、18、27

❷ ❶ 2、2 ❷ 1、10 ❸ 8、5
　 ❹ 1、100 ❺ 12、8 ❻ 1、84

基本3 3、10、5、15、16　　　　答え <

❸ ❶ > ❷ < ❸ < ❹ <

❹
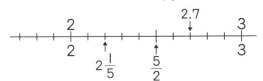

てびき ❷ ❸ $8=8÷1$　$8=40÷5$
　　　 ❻ $14=14÷1$　$14=84÷6$

❸ ❶ $\frac{5}{8}=\frac{25}{40}$、$0.6=\frac{6}{10}=\frac{3}{5}=\frac{24}{40}$
　 ❷ $0.5=\frac{1}{2}=\frac{9}{18}$、$\frac{5}{9}=\frac{10}{18}$
　 ❸ $2\frac{3}{5}=2\frac{6}{10}$、$2.7=2\frac{7}{10}$
　 ❹ $1.5=1\frac{1}{2}=1\frac{3}{6}$、$1\frac{2}{3}=1\frac{4}{6}$

92ページ 練習のワーク

❶ ❶ $\frac{3}{7}$ ❷ $\frac{7}{6}\left(1\frac{1}{6}\right)$ ❸ $\frac{5}{11}$ ❹ $\frac{15}{37}$

❷ ❶ $\frac{4}{15}$ 倍 ❷ $\frac{2}{5}$ 倍

❸ 式 $7÷5=\frac{7}{5}$、$7÷5=1.4$

　　　　　答え 分数：$\frac{7}{5}\left(1\frac{2}{5}\right)$m　小数：1.4 m

❹ ❶ 3.5 ❷ 0.6 ❸ 0.875
　 ❹ 0.55 ❺ 2.6 ❻ 4.48

❺ ❶ $\frac{4}{10}$ ❷ $\frac{5}{100}$ ❸ $\frac{27}{10}$
　 ❹ $\frac{39}{100}$ ❺ $\frac{508}{100}$ ❻ $\frac{716}{100}$

❻ ❶ 6 ❷ 3 ❸ 42

てびき ❷ ❶ $4÷15=\frac{4}{15}$
　　　 ❷ $12÷30=\frac{\overset{2}{12}}{\underset{5}{30}}=\frac{2}{5}$

❹ ❶ $7÷2=3.5$ ❸ $7÷8=0.875$
　 ❻ $4\frac{12}{25}=\frac{112}{25}$、$112÷25=4.48$

93ページ まとめのテスト

❶ ❶ 5 ❷ 17 ❸ $\frac{13}{14}$

❷ ❶ 式 $70÷33=\frac{70}{33}$　　　　答え $\frac{70}{33}$ 倍
　 ❷ 式 $25÷33=\frac{25}{33}$　　　　答え $\frac{25}{33}$ 倍

❸ ❶ 0.28 ❷ 1.6 ❸ 2.25
　 ❹ 2 ❺ 7.5 ❻ $\frac{2}{100}$
　 ❼ $\frac{14}{10}$ ❽ $\frac{325}{100}$ ❾ $\frac{903}{100}$

❹ （数直線）

❺ ❶ > ❷ < ❸ >

③ ① $\frac{7}{25}=7\div25=0.28$

⑤ ① $\frac{1}{4}=0.25$

② $\frac{11}{7}=11\div7=1.57\cdots$

③ $2\frac{1}{3}=\frac{7}{3}=2.333\cdots$

⑮ 比べ方を考えよう

94・95ページ 基本のワーク

基本1 割合、もとにする、57、76、0.75、60、50、1.2　　答え 1号車：0.75　2号車：1.2

① 式 しょうぎ：$22\div20=1.1$
たっきゅう：$42\div35=1.2$
サッカー：$54\div60=0.9$
答え しょうぎ：1.1　たっきゅう：1.2　サッカー：0.9

基本2 32、0.75、パーセント、百分率
答え 75

② ① 3%　② 76%　③ 50%
④ 170%　⑤ 400%　⑥ 0.52
⑦ 0.8　⑧ 0.07　⑨ 3

基本3 1600、0.8、歩合　　答え 8

③ ① 2割　② 5割　③ 9割　④ 10割

④ 式 $1050\div1500=0.7$　　答え 7割

👉 **たしかめよう!**
割合＝比べる量÷もとにする量

96・97ページ 基本のワーク

基本1 1.2、18　　答え 18

① 式 $220\times0.85=187$　　答え 187mm

② 式 $130\times1.1=143$　　答え 143cm

基本2 1.25、1.25、52　　答え 52

③ 式 $120\div0.75=160$　　答え 160ページ

基本3 《1》0.25、240、240、720
《2》0.25、0.75、0.75、720　　答え 720

④ 式 $1-0.4=0.6$、$2800\times0.6=1680$
答え 割合：6割、売りね：1680円

⑤ 式 $1+0.2=1.2$、$750\times1.2=900$
答え 900mL

⑥ 式 A：$1-0.2=0.8$、$1200\times0.8=960$
B：$1200-300=900$　　答え B店

👉 **たしかめよう!**
比べる量＝もとにする量×割合
もとにする量＝比べる量÷割合

98ページ 練習のワーク

① 式 $500\div800=0.625$　　答え 0.625

② ① 25%　② 60%　③ 120%
④ 0.37　⑤ 0.08　⑥ 1.42

③

割合	0.3	0.4	0.6	1
百分率	30%	40%	60%	100%
歩合	3割	4割	6割	10割

④ 式 $120\times0.6=72$　　答え 72人

⑤ 式 $22000\div1.25=17600$
答え 17600円

👉 **たしかめよう!**
割合を表す 1＝100%＝10割

99ページ まとめのテスト

① ① 式 $300\div500=0.6$　　答え 0.6
② 式 $300\div200=1.5$　　答え 150%
③ 式 $200\div500=0.4$　　答え 4割

② ① 75　② 16　③ 400

③ 式 $35\times1.2=42$　　答え 42g

④ 式 $1400\div0.7=2000$　　答え 2000円

⑤ 式 A：$500-120=380$
B：$1-0.3=0.7$、$500\times0.7=350$
$380-350=30$
答え B店のほうが30円安い

② □にあてはまるのが、割合・比べる量・もとにする量のどれにあたるのか考えます。
⑤ それぞれのお店の売りねを求めて比べます。

⑯ 割合をグラフに表そう

100・101ページ 基本のワーク

基本1 ① 帯グラフ、円グラフ　　答え 8
② 8、0.08、6　　答え 6

① ① 60%　② $\frac{1}{5}$

基本2 900、0.14、14、900、0.26、26、72、0.08、8

しゅみ	人数（人）	割合（%）
スポーツ	468	52
読書	126	14
音楽	234	26
その他	72	8
計	900	100

答え

| スポーツ | 音楽 | 読書 | その他 |

0 10 20 30 40 50 60 70 80 90 100(%)

❷ 上から順に

66、14、5、4、3、8、100

| 森　林 | 農用地 | た く 地 | 水面・川 | 道路 | その他 |

0 10 20 30 40 50 60 70 80 90 100(%)

基本❸ 250、29、250、22、82、33、29、

12、11、4　　　　答え

成分	重さ（g）	割合（%）
炭水化物	73	29
し質	55	22
たんぱく質	82	33
水分	29	12
その他	11	4
合計	250	100

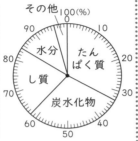

てびき ❶ ❶ けが：25％　腹痛：20％

頭痛：15％

❷ 森林：4620÷7000＝0.66　→ 66％

農用地：980÷7000＝0.14　→ 14％

たく地：350÷7000＝0.05　→ 5％

102ページ 練習のワーク

❶ ❶ 25％　❷ $\frac{1}{5}$

❸ 式 120×0.25＝30　　　答え 30軒

❹ 式 120×0.4＝48　　120×0.2＝24

48÷24＝2　　　答え 2倍

❷

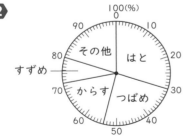

てびき ❶ ❷ 雑貨店の割合は、左はしは

65％、右はしは 85％ を示しています。

❹ それぞれの店の数を求めて計算します。

割合で比べることもできます。食料品店が40％、

雑貨店が20％ だから、40÷20＝2

❷ まず、それぞれの種類の割合を求めます。

はと：15÷50＝0.3　つばめ：12÷50＝0.24

からす：9÷50＝0.18

103ページ まとめのテスト

❶ ❶ 20％

❷ 式 1500×0.08＝120　　　答え 120人

❸ 式 1500×0.14＝210　1500×0.05＝75

210－75＝135　　　答え 135人

❹ 式 1500×0.36＝540　1500×0.12＝180

540÷180＝3　　　答え 3倍

❷

| コシヒカリ | ひとめぼれ | ヒノヒカリ | あきたこまち | もち米 | はえぬき | その他 |

0 10 20 30 40 50 60 70 80 90 100(%)

てびき ❶ ❶ グラフの電車の割合の両はしは、

36％ と 56％ を示しています。

❸ 自家用車の人と徒歩の人が、それぞれ何人

なのか計算して比べます。

❷ まず、それぞれの品種の割合を求めます。

コシヒカリ：3095100÷8466000

＝0.365…　→ 37％

ひとめぼれ：842700÷8466000

＝0.099…　→ 10％

⑰ 柱の形を調べよう

104・105ページ 基本のワーク

基本❶ 平面、曲面、角柱、底面、側面、平行、合同

答え

	名前	底面の形	頂点の数	辺の数	面の数
㋐	三角柱	三角形	6	9	5
㋑	四角柱	四角形	8	12	6
㋒	五角柱	五角形	10	15	7
㋓	六角柱	六角形	12	18	8

❶ ❶ ㋐と㋒　❷ 四角柱

ふくしゅう ❶ 辺アエ、辺イウ、辺ウク、辺エケ

❷ 辺アイ、辺カキ、辺ケク

基本❷ ❶ 三角形、三角柱　❷ 平行　❸ 垂直

答え ❶ 三角柱　❷ ABC

❸ ABED、ACFD、BCFE

❷ ❶ 面EFGH

❷ 面ABFE、面ADHE、面BCGF、面CDHG

基本❸ 円柱、底面、側面、平行、円、曲面、高さ

答え

底面の形	底面の数	側面の形
円	2	曲面

20

③ ❶ 円柱　❷ 面あと面う、円　❸ 面い　❹ ⑦

👆 たしかめよう！

② 角柱の2つの底面は平行で、合同な多角形です。
角柱の側面は底面に垂直です。

③ 円柱の側面は、曲面になっています。

106・107ページ 基本のワーク

基本❶ 　❶

基本❷ 答え ❶ 底面：⑦、⑦　側面：⑦、⑦、⑤
❷ C、I

② ❶ 五角柱　❷ 面ABCQR、面DEFGH　❸ 点C

③ ❶ （例） 　❷ （例）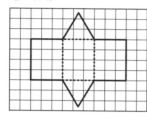

基本❸ 1、長方形、2、2、6.28

答え
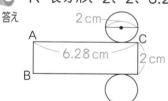

❹ （例）
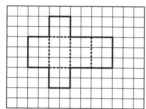

てびき
❹ 側面の横の長さは、
2×3.14＝6.28（cm）

108ページ 練習のワーク

❶ ❶ 三角形　❷ 三角柱　❸ 面DEF
❹ 面ABED、面BCFE、面CADF

---

② （例）
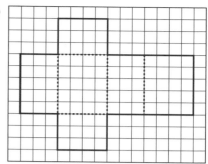

③ ❶ 円柱　❷ 形：長方形、高さ：7cm
❹ （例）
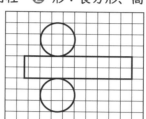

てびき
❹ 側面の横の長さは、
3×3.14＝9.42（cm）

109ページ まとめのテスト

1 ❶ 四角柱　❷ 面EFGH
❸ 面ABFE、面BCGF、面CDHG、面DAEH
2 ❶ 面ABED、面BCFE、面CADF　❷ 6cm
3 ❶ 底面：あ、く
側面：い、う、え、お、か、き
❷ 点M
4 ❶ 円　❷ 3cm
❸ （例）
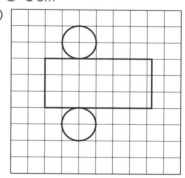

てびき
4 側面の横の長さは、
2×3.14＝6.28（cm）

☆ 5年の復習

110ページ まとめのテスト❶

1 ❶ 2、7、1　❷ 27.1、0.271
2 ❶ 式 150×60×12＝108000
答え 108000cm³

❷ 式 80×50×30=120000
　　　120000cm³=120L　　　　答え 120L

3 ❶ 195cm³　❷ 240cm³
4 ❶ 36.54　❷ 38.7　❸ 27.318　❹ 34.704
　❺ 3.2　❻ 1.6　❼ 3.5　❽ 0.5
5 75円
6 36本できて1Lあまる。
7 ❶ 110°　❷ 110°　❸ 60°　❹ 60°

3 ❶ 5×10×3+5×3×3=150+45
=195
　❷ 12×12×3−8×8×3=432−192
=240
5 125×0.6=75
6 65.8÷1.8=36あまり1
　あまりの小数点は、わられる数のもとの小数点
と同じ位置になります。
7 三角形の3つの角の大きさの和は180°、四
角形の4つの角の大きさの和は360°です。

111
ページ **まとめのテスト❷**

1 偶数…2、16、24、30
　奇数…3、7、13、17、21、29
2 ❶ 45　❷ 108　❸ 22　❹ 36
3 ❶ 公約数：1、5　最大公約数：5
　❷ 公約数：1、2、4、8、16　最大公約数：16
　❸ 公約数：1　最大公約数：1
4 ❶ ＞　❷ ＜　❸ ＜
5 ❶ $\frac{37}{48}$　❷ $\frac{1}{6}$　❸ $\frac{43}{24}\left(1\frac{19}{24}\right)$
　❹ $\frac{2}{21}$　❺ $\frac{5}{12}$　❻ $\frac{35}{18}\left(1\frac{17}{18}\right)$
6 式 A校：(58+40+28+35+34)÷5=39
　　　B校：(52+32+41+38)÷4=40.75
　　　　　　　　　　　　　　　　答え A校

7 Bの畑
8 ❶ 52cm²　❷ 9cm²　❸ 24cm²
　❹ 4cm²　❺ 33cm²　❻ 4cm²

1 2でわりきれる整数が偶数、2で
わると1あまる整数が奇数です。
4 ❶ $\frac{3}{8}=\frac{21}{56}$、$\frac{2}{7}=\frac{16}{56}$　❷ $\frac{2}{3}=\frac{8}{12}$
　❸ $1\frac{3}{5}=1\frac{24}{40}$、$1\frac{5}{8}=1\frac{25}{40}$
5 ❹ $\frac{2}{3}-\frac{4}{7}=\frac{14}{21}-\frac{12}{21}=\frac{2}{21}$
7 1m²あたりのとれた重さで比べます。
8 平行四辺形の面積＝底辺×高さ
　　三角形の面積＝底辺×高さ÷2

台形の面積＝(上底＋下底)×高さ÷2
ひし形の面積＝対角線×対角線÷2

112
ページ **まとめのテスト❸**

1 ❶
高さ(cm)	1	2	3	4	5
面積(cm²)	6	12	18	24	30

　❷ 6×□=△
　❸ 式 6×7.5=45　　　　　答え 45cm²
2 ❶ $\frac{1}{11}$　❷ $\frac{8}{9}$　❸ $\frac{13}{8}\left(1\frac{5}{8}\right)$
3 ❶ ＞　❷ ＞　❸ ＜
4 ❶ 式 600÷4=150　　　答え 分速150m
　❷ 式 900÷150=6　　　　　答え 6分
5 ❶ 0.07　❷ 0.92　❸ 0.8　❹ 58%
6 ❶ 60　❷ 150　❸ 2.7　❹ 600
7 ❶ 三角柱　❷ 5つ　❸ 9つ　❹ 6つ
8 ❶ 円柱
　❷ 式 7×2×3.14=43.96　　　答え 43.96cm

3 ❷ $\frac{4}{15}=4÷15=0.266\cdots$
4 ❶ 速さ＝道のり÷時間
　❷ 時間＝道のり÷速さ
5 割合を表す1=100%=10割
6 割合＝比べる量÷もとにする量
8 円周＝直径×円周率(3.14)
　　　＝半径×2×円周率

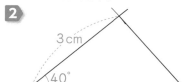

実力判定テスト 答えとてびき

夏休みのテスト①

1 ❶ 3、5、0、8
　　❷ 42160、42160、0.4216、
　　　0.04216

2

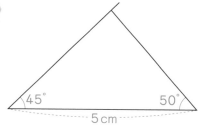

3cm / 40° / 4cm

3 ❶ 90cm³　❷ 27m³　❸ 2320cm³

4 ❶ 80.6　❷ 5.6　❸ 0.126
　　❹ 12　❺ 0.42　❻ 0.275

5 ❶ 7あまり0.3　❷ 13あまり2.1

6 式 3.5÷0.8＝4あまり0.3
　　　　　　　答え 4本取れて0.3mあまる

てびき **2** 4cmの辺をひいて、分度器を使って40°の角をつくり、3cmになるところを4cmの辺のはしとむすびます。
3 ❶ 6×3×5＝90（cm³）
❸ 10×16×(7＋5)＋5×16×5
＝2320（cm³）

夏休みのテスト②

1

45° / 50° / 5cm

2 45000cm³、45L

3 ❶ 80×□＝△
　　❷ □＋△＝25（または、25−□＝△）

4 ❶ 4、32　❷ 4.3、5.7、76

5 ❶ 6.08　❷ 3.3　❸ 0.54
　　❹ 16　❺ 0.96　❻ 1.875

6 ❶ 3.6　❷ 4.5

7 式 6.72÷2.4＝2.8　　答え 2.8kg

てびき **1** 5cmの辺をひいて、その2つのはしから分度器を使って2つの辺をひきます。
2 1L＝1000cm³
4 ❷ ■×▲＋●×▲＝(■＋●)×▲
6 上から2けたのがい数にするには、上から3けためを四捨五入します。

冬休みのテスト①

1 ❶ 4の倍数…4、8、12
　　　6の倍数…6、12、18
　　❷ 12

2 ❶ $\frac{2}{5}$　　❷ $\frac{4}{5}$

3 ❶ $\frac{19}{24}$　❷ $2\frac{1}{2}\left(\frac{5}{2}\right)$　❸ $\frac{11}{18}$　❹ $1\frac{1}{4}\left(\frac{5}{4}\right)$

4 式 (185＋205＋192＋190＋188＋198)
　　　÷6＝193　　　　　答え 193kg

5 ❶ 式 14÷4＝3.5　　答え 時速3.5km
　　❷ 式 2700÷15＝180
　　　　180÷60＝3　　　　答え 3分
　　❸ 式 90÷60＝1.5
　　　　1.5×48＝72　　　　答え 72km

6 ❶ 8％　❷ 63％　❸ 0.27　❹ 1.05

7 式 600×(1−0.25)＝450　　答え 450円

8 あ 72°　　い 54°　　う 108°

てびき **2** 分母と分子を同じ数でわります。
5 速さ＝道のり÷時間
6 100％が割合の1にあたります。
8 あ　360÷5＝72
　　い　三角形OABは二等辺三角形です。

冬休みのテスト②

1 午前9時16分

2 ❶ 27の約数…1、3、9、27
　　　36の約数…1、2、3、4、6、9、12、18、36
　　❷ 9

3 ❶ $\left(\frac{15}{18}、\frac{8}{18}\right)$　❷ $\left(\frac{45}{72}、\frac{22}{72}\right)$

4 ❶ $\frac{3}{2}\left(1\frac{1}{2}\right)$　❷ $1\frac{5}{6}\left(\frac{11}{6}\right)$　❸ $\frac{1}{6}$
　　❹ $\frac{2}{3}$　❺ $\frac{23}{60}$　❻ $\frac{1}{3}$

5 ❶ A…3.2kg、B…2.8kg　❷ A

6 ❶ $\frac{4}{7}$　❷ 0.625　❸ $\frac{57}{100}$

7 ❶ 20　❷ 192　❸ 500

8 ❶ 47.1cm　❷ 56.52cm

てびき **1** 最小公倍数が36だから、36分ごとにバスは同時に発車します。
3 分母を最小公倍数にそろえます。

7 割合＝比べる量÷もとにする量

8 円周＝直径×3.14

学年末のテスト①

1 8cm

2 ❶ 8.7 　❷ 0.012 　❸ 0.93
　　❹ 1.5 　❺ 1.6 　❻ 0.064

3 ❶ 16 　❷ 105 　❸ 600 　❹ 640

4 式 600×1.04＝624 　　答え 624人

5 ❶ 25.12cm 　❷ 10cm

6 ❶ 35cm² 　❷ 20cm² 　❸ 35cm²

> **てびき**
> **1** 1.8L＝1800cm³ です。
> 15×15×□＝1800、□＝1800÷225＝8
> **4** 4％増えると、104％になります。
> **5** 直径＝円周÷3.14、半径＝直径÷2
> **6** ❶ 平行四辺形の面積＝底辺×高さ
> ❷ 三角形の面積＝底辺×高さ÷2
> ❸ 台形の面積＝(上底＋下底)×高さ÷2

学年末のテスト②

1 ❶ $\frac{7}{8}$ 　❷ $\frac{7}{15}$ 　❸ $2\frac{11}{12}\left(\frac{35}{12}\right)$
　　❹ $\frac{1}{9}$ 　❺ $\frac{1}{6}$ 　❻ $1\frac{4}{9}\left(\frac{13}{9}\right)$

2 ❶ 式 5000÷25＝200 　　答え 分速200m
　　❷ 式 600×60×2＝72000
　　　　72000m＝72km 　　答え 72km

3 式 (18＋21＋22＋25＋19＋15)÷6＝20
　　　　　　　　　　　　　　答え 20点

4 ❶ 35％ 　❷ 1.4倍 　❸ 6時間

5 ❶ 円柱 　❷ 37.68cm

6 ❶ ㋑ 　❷ 500－□＝△

> **てびき**
> **3** 平均＝得点の合計÷回数
> **4** ❷ 学校にいる時間は25％です。
> ❸ 比べる量＝もとにする量×割合
> **5** ❷ 辺ADの長さは、底面の円周の長さと等しくなります。
> **6** □が2倍、3倍、…になると、△も2倍、3倍、…になるとき、△は□に比例します。

まるごと 文章題テスト①

1 式 1.6×1.75＝2.8 　　答え 2.8kg

2 式 28.5÷1.8＝15 あまり 1.5
　　　　　　答え 本数…15本、あまり…1.5L

3 午後2時15分

---

4 式 $2\frac{2}{3}－\frac{7}{6}＝1\frac{1}{2}$ 　　答え $1\frac{1}{2}\left(\frac{3}{2}\right)$L

5 式 85÷5＝17、17×30＝510
　　　　　　　　　　　　答え 約510点

6 ❶ 式 12÷60＝0.2 　　900m＝0.9km
　　　　0.9÷0.2＝4.5 　　答え 時速4.5km
　　❷ 式 3.6÷4.5＝0.8
　　　　0.8×60＝48 　　答え 48分

7 ❶ 式 150÷120＝1.25 　　答え 1.25倍
　　❷ 式 120×1.6＝192 　　答え 192g

8 式 480－216＝264
　　264÷480＝0.55 　　答え 55％

> **てびき**
> **1** 金属のぼうの重さは、1.6kgの 1.75倍になります。
> **3** 最小公倍数は75だから、75分ごとに電車とバスは同時に発車します。
> **5** まず、テスト1回あたりの平均を求めてから、30倍して求めます。
> **8** 割合＝比べる量÷もとにする量

まるごと 文章題テスト②

1 式 150÷2＝75
　　75×4.4＝330 　　答え 330円

2 式 9.6÷(2.5×1.6)＝2.4 　　答え 2.4m

3 式 102÷0.85＝120 　　答え 120kg

4 ❶ 30cm 　❷ 15まい

5 式 $\frac{11}{15}－\frac{7}{10}＝\frac{1}{30}$
　　　　答え 図書館のほうが $\frac{1}{30}$km遠い。

6 式 540÷36＝15 　　360÷15＝24
　　450÷25＝18 　　360÷18＝20
　　24－20＝4 　　答え 4L

7 ❶ 午前10時20分
　　❷ 式 4.5km＝4500m
　　　　1時間15分＝75分
　　　　4500÷75＝60 　　答え 分速60m

8 式 2.5×(1－0.2)＝2
　　2×(1－0.4)＝1.2 　　答え 1.2L

> **てびき**
> **1** まず、1mあたりの代金を求めます。
> **2** 2.5×1.6×□＝9.6
> **3** もとにする量＝比べる量÷割合
> **6** まず、ガソリン1Lで走る道のりを求めます。
> **7** ❶ 4.5km＝4500m、4500÷90＝50
> 駅から公園まで50分かかります。